JN074378

# RubyとSinatraではじめる

# Webアプリケーション開発の教科書

伊藤 祥一 [著]

森北出版

●本書のサポート情報を当社Webサイトに掲載する場合があります。
下記のURLにアクセスし，サポートの案内をご覧ください．

https://www.morikita.co.jp/support/

●本書の内容に関するご質問は，森北出版 出版部「(書名を明記)」係宛
に書面にて，もしくは下記のe-mailアドレスまでお願いします．なお，
電話でのご質問には応じかねますので，あらかじめご了承ください．

editor@morikita.co.jp

●本書により得られた情報の使用から生じるいかなる損害についても，
当社および本書の著者は責任を負わないものとします．

■本書に記載している製品名，商標および登録商標は，各権利者に帰属
します．

■本書を無断で複写複製（電子化を含む）することは，著作権法上での
例外を除き，禁じられています．複写される場合は，そのつど事前に
(一社)出版者著作権管理機構（電話03-5244-5088，FAX03-5244-5089，
e-mail：info@jcopy.or.jp）の許諾を得てください．また本書を代行業者
等の第三者に依頼してスキャンやデジタル化することは，たとえ個人や
家庭内での利用であっても一切認められておりません．

# まえがき

　この本を手にとられた方は，おそらくインターネットを毎日のように使っているのだと思います．イン
ターネットはすでに，水道や電気のように数秒でも止まっては困る社会的なインフラとなりました．イン
ターネット上で提供されているメールや通信対戦ゲームなどのいくつものサービスのうち，最も重要なも
のは間違いなく Web でしょう．Amazon や Twitter，Facebook など枚挙にいとまがありません．

　本書では，上の例に挙げたような Web アプリケーション†を開発する基本を解説しています．プログラ
ミングと Linux コマンドの基礎さえ知っていれば，本書に書かれている手順を 1 つ 1 つ追いかけていくこ
とで，その他の前提知識なしに Web アプリケーション開発の基礎に関する知識を身につけることができま
す．プログラミング言語については，本書では Ruby という言語を使いますが，何かほかの言語で簡単な
プログラミングをした経験があれば十分です．Linux コマンドについても，ファイルやフォルダといった言葉
が理解できていて，テキストエディタを使った編集やファイルのコピーなどをしたことがあれば十分です．

　手元の Windows（あるいは macOS）パソコン上に何もないところからスタートして，仮想的な Linux サー
バーを構築し，Web ブラウザでコンテンツを表示できるようにします．サーバーの裏側でデータベースを
動かして，最終的には，データベースの内容を整形して Web ブラウザに返すような Web アプリケーショ
ンの開発を目標とします．

　Web アプリケーションとサーバー構築は，ハードウェア関連以外の知識を総動員しなければ攻略できな
い世界です．プログラミング，ネットワーク，UNIX，英語など，本書の範囲だけではまかないきれないので，
各自で自分にあったテキストを用意して知識を広げていってもらいたいと思います．本書を読み進めてい
くと，この本は UNIX の本なのか HTML の本なのか Ruby の本なのかネットワーク (TCP/IP) の本なのか区
別がつかず混沌としてくると思いますが，それこそが，Web アプリケーションの開発や運用があらゆる知
識の総動員になるということの裏返しです．

　本書にはコマンドの実行例がところどころに掲載されていますが，自分の手でも必ず確認するようにし
てください．また，入力例にあるコマンドを単に入力しているだけの作業になってしまってはいけません．
いまそこでなぜそのように入力するのか，その結果ファイルや出力がどうなっているべきなのかをきちん
と考えながら実習するように心がけてください．

　本書が Web アプリケーション開発の第一歩として役に立つことを期待しています．

2021 年 7 月

著　者

---

†　Web ブラウザを介して何か有益なことを提供することを，一般には「Web サービス」や「Web アプリケーション」といい
　　ます．本書では，両者を区別せずに「Web アプリケーション」とよぶことにします．

# 目　次

**表　記**　本書では以下のような表記法を用いています.

- ファイル名を *file.c* のように斜体で表します.
- 変数名, メソッド名を `printf()` のようにタイプライタ体で表します.
- コマンド名を **gzip** のように太字で表します.
- コマンドラインからの入力を次のように表します.

```
$ cp a.txt b.txt
```

行頭の '$' はプロンプト (ここに入力してくださいという目印) なので, 入力の必要はありません. 環境によっては '%' など, '$' 以外の記号が使われていることがあります.

- 本書に記載されているバックスラッシュ '\' は Windows 環境では円記号 '¥' として表示されることがあります.
- キーボード上の特定のキートップを表すときは Alt のように表します. Ctrl + X は, Ctrl キーを押しながら X キーを押すことを表します.

**サポートサイトの案内**　https://www.morikita.co.jp/books/mid/085561 に,

- 本書で扱うプログラムのソースファイル
- トレーニング・チャレンジの解答例

を用意しています. 学習の参考にしてください.

# chapter 1 — Web アプリが動くしくみ

**目標**

☑ ローカルアプリと Web アプリについて理解する
☑ インターネット経由でアプリケーションが動くしくみを理解する

この章では，Web アプリケーション（以下 Web アプリ）がどのようなしくみで動作し，利用者の Web ブラウザに表示されるのかを俯瞰してみましょう．Web アプリでは利用者側とサーバー側の両方が連携して動作するため，どのプログラムがどこで動作しているかを区別しながら開発していくことが，理解を深める近道です．

## 1.1 ローカルアプリと Web アプリ

### 1.1.1 Web アプリなら 1 つのアプリを複数の端末で使える

PC やスマートフォンをお店から買ってきたとします．自分が使いたいアプリがあれば，まずそれらをインストールしてから使うことになります．ここでは便宜上，これらのアプリのことをローカルアプリとよぶことにします．ローカルアプリは図 1.1 (a) のように，インストールを行った 1 台のデバイスの上でしか動きません．そのアプリ上で作成した文書ファイルやゲームのセーブデータはそのデバイス上にしかないので，ほかのデバイスで使おうと思ってもできません．

Web アプリは，Web ブラウザで開いた Web ページ上でさまざまな作業を行うことができるものです．多くの場合，決められたユーザー ID とパスワードを使ってログインすると自分だけのデータが表示され，それらを Web ブラウザ上で編集したりファイルをアップロードしたりすることができます．現在では，ローカルアプリと遜色のない機能を備え，同じような感覚で使える Web アプリも多くなってきています．

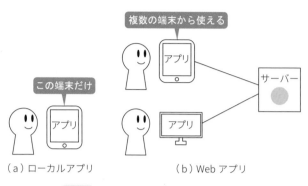

図 1.1　ローカルアプリと Web アプリ

　実用的な Web アプリの一例として，Google Calendar を図 1.2 に示します．Web ブラウザで Google Calendar の URL である https://www.google.com/calendar にアクセスすると，ログインを求められます．ユーザー ID とパスワードの入力を行ってログインすると，そのユーザーだけのカレンダーが表示されます．カレンダーの閲覧だけでなく，予定の追加や削除もすべて Web ブラウザ上で行います．Google Calendar のデータはすべて，手元の PC ではなくインターネットの向こうにある Google のサーバーに保存されています．Web ブラウザを使うことさえできれば，図 1.1（b）のように，自分の PC だけからではなくスマートフォンや学校の PC からでも自分の最新版のカレンダーを使うことができます．どこからでも使えるというのは Web アプリならではの大きなメリットです．

図 1.2　Web アプリの例 (Google Calendar)

### 1.1.2 Web アプリのメリットとデメリット

アプリのプログラムの修正や機能アップなどが発生した場合，ローカルアプリの場合は自分で更新作業を行う必要があります（最近は，インターネット経由での更新作業の自動化がなされていることが多いですね）．一方，Web アプリがインストールされているのはインターネットの向こうにあるサーバーです．したがって，Web アプリの開発者がサーバー上のプログラムを更新すれば，そこにアクセスしてくるユーザーは常に最新版のプログラムを使うことになります．

このように，Web アプリはメリットが多いのですが，動作速度はローカルアプリにかないません．Web アプリは操作のほとんどがインターネット上のサーバーとの通信を伴いますから，どうしても往復の通信時間がかかります．逆に，通信時間が大半を占めるような場合，サーバー上での処理速度はあまり重要ではなくなるので，処理速度はそこそこでも，簡単にどんどんとプログラムを作っていける，Ruby や PHP のようなプログラミング言語が好まれる傾向にあります．また，Web ブラウザがどのようなデバイスで動いているかわからないので，ハードウェアの性能を限界まで引き出したスピードや派手な映像処理のゲームなどは作ることができません．

ローカルアプリと Web アプリの比較を表 1.1 にまとめました．適材適所で使い分けましょう．

表 1.1　ローカルアプリと Web アプリの比較

|  | ローカルアプリ | Web アプリ |
|---|---|---|
| インストールされている場所 | PC やスマートフォン 1 台 | インターネット上のサーバー |
| 動作速度 | 速い | 遅い |
| アップデート | 手動 / 自動 | 自動 |
| 複数のデバイスでのデータ共有 | できない | できる |

## 1.2　インターネット経由でアプリケーションが動くしくみ

### 1.2.1　サーバーとクライアント

図 1.3 のように，あるユーザーが自分のコンピュータ A で Web ブラウザを起動し，離れた場所にあるコンピュータ C の Web ページを表示することを考えます．サービスを提供する C のことを「サーバー (server)」，サービスを受ける A のことを「クライアント (client)」とよびます．C 上では Apache とよばれるプログラムが，80 番という番号がついた口を開けて誰かが来ないか待ち構えています．この口のことを「ポート (port)」，ポートについた番号のことを「ポート番号 (port

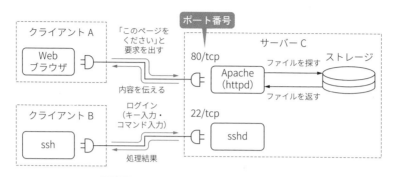

図 1.3　サーバーとクライアントの関係†

number)」とよびます．A で起動された Web ブラウザは，C の 80 番ポートに接続すると，この経路を使って「このページをください」という要求を出します．すると，C 上の Apache はストレージ上のファイルを探し，通信経路を通して A の Web ブラウザに内容を伝えます．ファイルを受け取った A の Web ブラウザはファイルを先頭から解読し，文字や図を並べます．これが終わると，「C の Web ページが表示された」となります．このしくみでは基本的に，前もってストレージ上に保存しておいたファイルを返すことしかできず，ユーザーの要求に応じて表示内容を変えるといったことはできない点に注意が必要です．

---

**Apache**

　Apache は，世界で最も使われている Web サーバーソフトウェアです．Web ブラウザの要求に応じてストレージ上のファイルを返す機能のほか，CGI (Common Gateway Interface) というしくみでプログラムを実行して処理結果を Web ブラウザに返す機能ももちます．ただし，本書で紹介しているプログラム実行のしくみは，CGI とはまったく別のものです．

---

　同じく図 1.3 で，C 上にログインをして作業をしたい場合は，通常，コンピュータ B から C の 22 番ポートをめがけて，ssh というプログラムから接続をしかけます．C の 22 番ポートでは sshd というプログラムが待ち受けています．sshd は B からのキー入力やコマンド入力を C 上で処理して結果を（C の画面ではなく）B に返すという動きをします．したがって，ログインが成功すれば，あたかも C を目の前で操作しているかのように操作することができます．

　このように，インターネット経由で動作するアプリケーションプログラムは，特定のポート番号

---

†　80/tcp は，TCP というプロトコルの 80 番ポート，という意味です．80/tcp のように書くときは慣習的に小文字を使いますが，違いはありません．

で誰かの接続を待ち受けており，接続してきたクライアントのプログラムと特定の手順で処理を進めていきます．この手順のことを「プロトコル (protocol)」とよびます．Web ページをやりとりするプロトコルには，HTTP (HyperText Transfer Protocol) という名前がついています．

> **IP アドレスとポート番号**
>
> インターネットを介して自分のプログラムが遠くのコンピュータと通信をするためには，数億台ものコンピュータのうちの 1 台を特定し，さらにはそのコンピュータで動いているどのプログラムと通信をするかを決めなければなりません．コンピュータの 1 台 1 台を区別するための番号を IP アドレスとよびます．IP バージョン 4 (IPv4) では IP アドレスは 32 ビットの値なので，約 42 億通りの組み合わせがあります．また，IPv6 では IP アドレスは 128 ビットの値なので，10 の 38 乗通り以上の組み合わせがあります．そして，どのプログラムかを特定するのがポート番号であり，これは 0 から 65535 の整数値です．HTTP が使うのは TCP の 80 番ポート，メール送信 (SMTP) が使うのは TCP の 25 番ポート，というように，代表的なプロトコルは使用するポート番号が決められています．

### 1.2.2 WEBrick が Ruby と Web ブラウザの橋渡しをする

次に，本書が扱っているような状況を考えます．図 1.4 では，80 番ポートで待ち受ける Apache のほかに，4567 番ポートで WEBrick というプログラムが待ち受けている様子を描いています．

本書は Ruby でプログラミングを行います．Web ブラウザは，URL に書かれているサーバーに接続されると，「/abc/index.html をください」や「photo.jpg を送ります」のようにサーバーへ話しかけてきますが，その言葉は HTTP で決められた GET や POST などという文字列です．素の

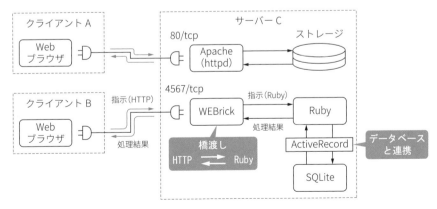

図 1.4　Ruby で Web アプリを提供するときのネットワーク構成

Ruby には，これらの言葉を解釈して適切に処理を振り分けるという機能がないので，誰かが Web ブラウザと Ruby プログラムの間に立って橋渡しをしてくれなければなりません．この役割を担っているのが WEBrick です．

WEBrick は，Web ブラウザからの接続を受け付けると，裏で Ruby のプログラムを呼び出して，その処理結果を Web ブラウザに返します．もし，この Ruby プログラムが Apache と同じように HTML データを返せば，Web ブラウザからは Apache が動いているのか Ruby プログラムが動いているのかは区別がつかず，純粋に返されてきた HTML データを解読して画面上に並べることになります．Ruby プログラムのほうはプログラムですから，時と場合に応じて，どのような HTML データを生成して返すかを使い分けることができます．

さらに，本書では SQLite というデータベースエンジンとも連携させます．Ruby プログラムからは，ActiveRecord というしくみを介すると，簡単にデータベースとの連携が可能になります．たとえば，掲示板のデータをデータベースに保存しておき，Ruby プログラムで HTML 形式に整えて Web ブラウザに返せば，掲示板 Web アプリのできあがりです．

Apache も，CGI というしくみを使って，プログラムを裏で動かした結果を Web ブラウザに返すということができます．この点では WEBrick も同じです．逆に，WEBrick からすでに作ってストレージ上に置いてあるファイルを返すということもできます．これらは用途によって使い分けます．今回のように Ruby で Web アプリを書いて気軽に試したい場合は，Apache ではなく WEBrick を使うのが適しています．

### 1.2.3　仮想環境に複数のパソコンを構築する

図 1.4 では，暗黙のうちにサーバーはクライアントとは別の機械として考えていました．Web アプリケーションを実際のインターネットで運用する場合は当然そのようになるのですが，Web アプリケーションの勉強をするためにわざわざ複数台のコンピュータを用意するのは大変です．そこで本書では，1 台のパソコンの中にサーバーそのものを構築してしまいます．

この環境の構築には，VirtualBox というソフトウェアを使います．VirtualBox は，パソコンが本来は機械で処理していることをそっくりそのまま真似るプログラムです．Windows 上で VirtualBox を動かすと，VirtualBox が真似て作り出すコンピュータ上で，別の OS を実行させることができます．本書では VirtualBox を介して Windows の中で Linux を動かします．こうして作り出した環境のことを仮想環境とよび，仮想環境を動かす土台を提供する側を「ホスト (host)」，仮想環境上で動く側を「ゲスト (guest)」とよびます．この場合は Windows がホスト OS で Linux がゲスト OS ということになります．

VirtualBox はホスト OS 上で動作するアプリケーションの 1 つに過ぎません．このため，単純に

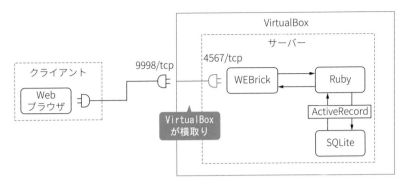

図 1.5　本書で扱うネットワークの構成

4567 番ポートにアクセスすると，ホスト OS がそれを受け取ってしまい，そこでは WEBrick は待ち受けていないので，当然アクセスはできないということになります．そこで，ポートフォワーディングというしくみを使って，ホスト OS の適当なポート（ここでは 9998 番とします）に来る通信をすべて VirtualBox が横取りし，ゲスト OS の 4567 番ポートに流す，といったことをします（図 1.5）．

　ホスト OS 上の Web ブラウザから自分自身の 9998 番ポートにアクセスするには，Web ブラウザの URL 入力欄に，`http://127.0.0.1:9998/` のように入力します．127.0.0.1 は，自分自身を表す特別な IP アドレスです．これ以降は，この URL を使って Ruby で作成した Web アプリケーションにアクセスします．

---

**仮想化**

　あるソフトウェア A があるとしましょう．コンピュータは，A の命令を 1 つ読み取っては実行するということを超高速で繰り返しています．通常は，「実行」の部分は電子回路が行うのですが，電子回路が行うのとまったく同じ動作を真似できるソフトウェア B があれば，B の上で A が動くことになります．すでに現物が存在しない昔のコンピュータ C で動作するソフトウェア A がどうしても必要な場合，C をそっくり真似するソフトウェア B を作れば A を動かすことができます．いわば，コンピュータ C がソフトウェアにより仮想的に再現されたことになります．VirtualBox は，現在市販されている Windows パソコンをそっくり仮想化できるソフトウェアです．

# PC 上に仮想環境を構築しよう
## ― Web アプリ作成前の準備 ―

- ☑ VirtualBox をインストールする
- ☑ VirtualBox 上に仮想マシンを作成する
- ☑ 仮想マシンに Ubuntu をインストールする
- ☑ Ubuntu に一般ユーザーを追加する

本章では，手持ちのパソコン上に仮想環境を構築して，1 台のパソコンの中で利用者とサーバーの両方の実験ができるようにします．Linux はコマンドラインでの操作が中心ですので，慣れていくようにしましょう．

## 2.1 仮想環境の構築

まず，Windows あるいは macOS が動作するパソコン上に，仮想化ソフトウェアである VirtualBox をインストールし，VirtualBox 内で Ubuntu Server（以下，単に Ubuntu）とよばれる Linux ディストリビューションを動作させます．この章では，本書で使用するための基本的な Linux 環境の設定についても解説します．なお，VirtualBox をインストールするパソコンはインターネットに接続されている必要があります．

これ以降，VirtualBox を実行している OS（すなわち Windows や macOS）を「ホスト OS」とよび，VirtualBox 上で実行している Ubuntu のことを「ゲスト OS」とよびます．

> **Linux ディストリビューション**
>
> Linux という言葉は，本来はカーネルという，OS の心臓部のみを指す言葉です．実際にパソコンを便利に使うためには，カーネル以外にもさまざまなソフトウェアが必要になります．これら一式をまとめてインストールできるようにしたものが Linux ディストリビューションです．代表的な Linux ディストリビューションには Debian や CentOS があり，本書で使用する Ubuntu もその 1 つです．

## 2.2 Windows 10 での VirtualBox のインストール

次の URL から VirtualBox の最新版をダウンロードしてください．Windows 用のインストーラは
"Windows hosts" というリンクからダウンロードできます．

```
https://www.virtualbox.org/wiki/Downloads
```

以下の手順でインストールを行います[†]．

1. 図 2.1 のアイコンをダブルクリックします．

VirtualBox-6.1.18
-142142-Win.exe

図 2.1　VirtualBox インストーラのアイコン

2. インストーラの初期画面として図 2.2 のようなウィンドウが表示されるので，[Next] をク
リックします．

図 2.2　VirtualBox のインストーラの初期画面

---

† 　本書では VirtualBox 6.1.18 を使用しており，最新版では少々異なる部分があるかもしれません．

3. インストール項目の選択画面（図2.3）が表示されますが，基本的にそのままで構いません．
   [Next] をクリックしてください．

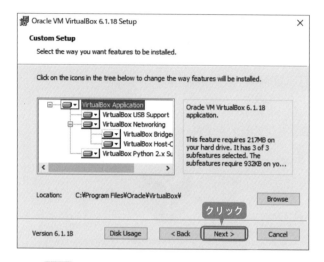

図2.3　VirtualBoxのインストール項目の選択画面

4. Windowsのシェルまわりの設定画面（図2.4）になります．適当にチェックを入れて [Next]
   をクリックします．

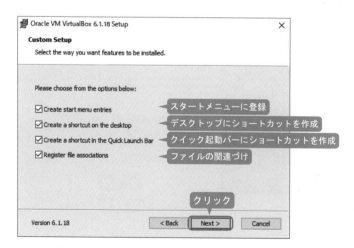

図2.4　VirtualBoxのWindowsシェルまわりの設定

5. この後のインストール実行中に，一時的にネットワーク接続が切断されるという警告が表示されます（図 2.5）．インストーラ以外のアプリケーションによってネットワークを使用していたら，ここで終了させてください．準備ができたら [Yes] をクリックします．

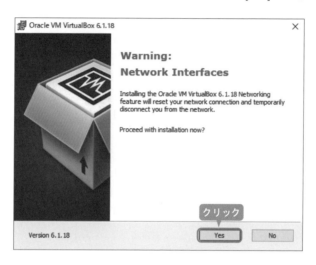

図 2.5　VirtualBox のインストール作業中にネットワーク接続が切断されるという警告

6. インストール実行の最終確認画面（図 2.6）が表示されるので，[Install] をクリックします．

図 2.6　VirtualBox のインストールの最終確認

7. 場合によっては図 2.7 のような警告が出るかもしれません．その場合は［はい］をクリック します．

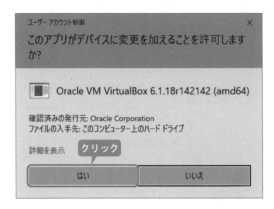

図 2.7　インストール中に表示される警告

8. インストールが開始されます（図 2.8）．途中でデバイスドライバのインストール確認が表 示されますが，［インストール］をクリックします（図 2.9）．

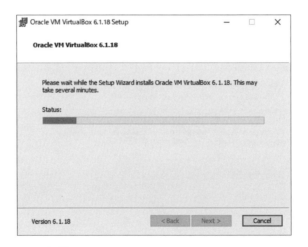

図 2.8　VirtualBox のインストール進捗状況表示

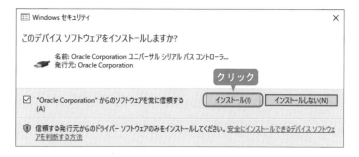

図 2.9　VirtualBox のデバイスドライバインストール確認

9. インストールが成功すると，図 2.10 のウィンドウが表示されます．"Start Oracle VM VirtualBox 6.1.18 after installation" のチェックをはずして，[Finish] をクリックします．

図 2.10　VirtualBox のインストール完了画面

## 2.3　macOS での VirtualBox のインストール

次の URL から VirtualBox の最新版をダウンロードしてください．macOS 用のインストーラは，"OS X hosts" というリンクからダウンロードできます．

```
https://www.virtualbox.org/wiki/Downloads
```

以下の手順でインストールを行います．

1. 図 2.11 のアイコンをダブルクリックします.

VirtualBox-6.1.18-
142142-OSX.dmg
124.4 MB

図 2.11　macOS 用 VirtualBox のディスクイメージファイル

2. ディスクイメージファイルがマウントされ，図 2.12 のウィンドウが開きます. 左上にある
茶色の "VirtualBox.pkg" のアイコンをダブルクリックします.

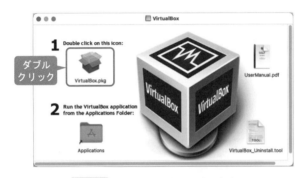

図 2.12　ディスクイメージの中身

3. 図 2.13 のように確認が出てくるので，［許可］をクリックします.

図 2.13　インストールを行うかの確認

4. 図 2.14 の画面でも［続ける］をクリックします.

図 2.14　インストールを行う確認後

5. 図 2.15 ではインストール先などを選択できますが, 通常はそのまま［インストール］をクリックします.

図 2.15　インストール先などのカスタマイズ

6. 図 2.16 のように管理者権限を求めてくるので, ユーザ名とパスワードを入力して［ソフトウェアをインストール］をクリックします.

図 2.16　管理者パスワードの入力

7. ファイルのコピーが始まります．処理中は図 2.17 のような画面になります．

図 2.17　インストールの進捗表示

8. 図 2.18 の画面で［閉じる］をクリックすればインストール終了です．アプリケーションフォルダに *VirtualBox* というプログラムが登録されています．

図 2.18　インストールの完了画面

9. ファイルのコピーが終わると図 2.19 の画面になります．図 2.11 のファイルは削除して問題ないので，［ゴミ箱に入れる］をクリックします．

図 2.19　ディスクイメージを削除するかの選択

10. VirtualBox を起動した際に図 2.20 (a) が表示されたら, ["セキュリティ" 環境設定を開く] をクリックします. 図 (b) が表示されるので, 左下の錠前ボタンをクリックして管理者パスワードを入れます. すると, [許可] ボタンがクリックできるようになるので, ボタンをクリックして再起動します.

(a)

(b)

図 2.20　セキュリティ環境設定

## 2.4　仮想マシンの作成

ここでは VirtualBox 上で Ubuntu を仮想的に動かす環境を作成する手順について説明します. ここから先の作業は, Windows も macOS も同じです.

### 2.4.1　ISO イメージのダウンロード

本書では, Ubuntu Server 20.10 の 64 ビット版をインストールします. そのためのインストールディスクの ISO イメージファイル[†]をダウンロードしてください. Web ブラウザで次の URL を開きます.

---

† ISO イメージファイルとは, CD-ROM や DVD-ROM のディスクの情報をそのまま 1 つのファイルに落とし込んだものです.

```
https://ftp.riken.jp/Linux/ubuntu-releases/20.10/
```

*ubuntu-20.10-live-server-amd64.iso* というファイルと *SHA256SUMS* をダウンロードします．前者は約 1 GB あります．ダウンロードが終わったら，Windows であれば，コマンドプロンプトから次のように入力して，*ubuntu-20.10-live-server-amd64.iso* の SHA-256 ハッシュ値を計算します．

```
C:\>certutil -hashfile ubuntu-20.10-live-server-amd64.iso sha256
SHA256 ハッシュ ( 対象 ubuntu-20.10-live-server-amd64.iso):
defdc1ad3af7b661fe2b4ee861fb6fdb5f52039389ef56da6efc05e6adfe3d45
CertUtil: -hashfile コマンドは正常に完了しました。
```

macOS であれば，同等の **shasum** コマンドがあります．ターミナルを開いて次のように入力します．

```
% shasum -a 256 ubuntu-20.10-live-server-amd64.iso
defdc1ad3af7b661fe2b4ee861fb6fdb5f52039389ef56da6efc05e6adfe3d45
ubuntu-20.10-live-server-amd64.iso
```

これが *SHA256SUM* に記載されている *ubuntu-20.10-live-server-amd64.iso* の SHA-256 ハッシュ値と食い違っている場合，正常にダウンロードができていないので，ファイルを削除してもう一度ダウンロードしてください[†1]．SHA-256 ハッシュ値が正しいことが確認できたら次へ進みます．

### 2.4.2 空の仮想マシンの作成

まず，仮想マシンそのものを作ります．

1. VirtualBox を起動すると，図 2.21 のようなウィンドウが表示されます．
2. 図 2.21 上部の［新規］ボタンをクリックすると，図 2.22 のウィンドウが表示されます．［名前］に "Ubuntu Server 20.10"，［タイプ］に "Linux"，［バージョン］に "Ubuntu (64-bit)" を設定して，［次へ］をクリックします[†2]．使用している Windows や macOS が 32 ビット版か 64 ビット版かは関係ありません．ダウンロードした OS (Linux) のビット数と，［バージョン］で設定するビット数が同じになるように注意してください．32 ビット OS 上に作った仮想環境に 64 ビット OS をインストールすることはできません．

---

†1　*SHA256SUMS* は，Windows であればメモ帳，macOS であればテキストエディットで開くことができます．
†2　64 ビットの選択肢が表示されない場合は，Intel Virtualization Technology (Intel VT) が有効になっているかどうか，PC の BIOS の設定を確認してください．

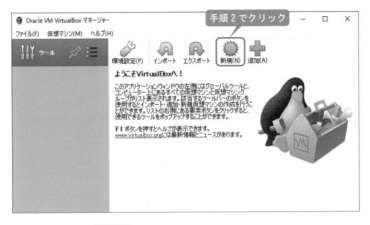

図 2.21　VirtualBox の起動直後の画面

図 2.22　仮想マシンにインストールする OS の選択

3. 図 2.23 の画面になります．仮想マシンに割り当てるメモリサイズを設定して［次へ］をクリックします．Ubuntu の利用には最低 1 GB (1024 MB) が必要で，2 GB (2048 MB) 以上が推奨されています．もちろん，割り当てるメモリサイズは多ければ多いほどよいです．

図 2.23　仮想マシンに割り当てるメモリサイズの設定

4. 図 2.24 では，仮想ハードディスクを作成します．もちろん，これはお店で新品のハードディスクを買ってきて接続するという話ではなく，VirtualBox を動かしている OS（ホスト OS）上の適当なファイルを，VirtualBox 上で動いている OS（ゲスト OS）に対して，あたかもハードディスクにアクセスしているかのようにみせているだけです．"仮想ハードドライブを作成する" を選んで［作成］をクリックします．

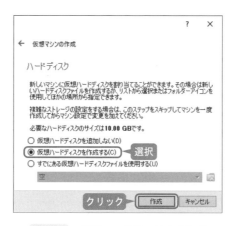

図 2.24　仮想ハードディスクの作成

5. 図 2.25 では，仮想ハードディスクのファイルタイプを選択します．とくにほかの仮想化ソフトウェアを使っていないのであれば，VirtualBox のネイティブフォーマットである VDI 形式を選べばよいでしょう．選んだら［次へ］をクリックします．

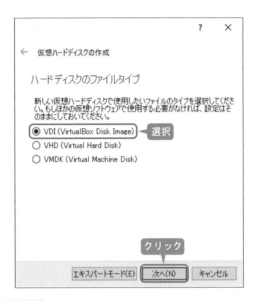

図 2.25　仮想ハードディスクのファイルタイプ選択

6. 図 2.26 では，仮想ハードディスクをホスト OS 側にどのように格納するかを選択します．「固定サイズ」にしておいて，次のステップでゲスト OS の使うハードディスクサイズを 100 GB とすると，その中にファイルが数個しかないとしても，ホスト OS 上では 100 GB のファイルが作られます．無駄が多いですが，速度面では有利になります．一方，「可変サイズ」にしておくと，ゲスト OS がその中に保存しているファイルサイズの分しかホスト OS 上のディスクスペースを占有しないので，容量面では有利になります．しかし，速度面では多少不利になります．今回はそれほどスピードを追求するプログラムを作るわけではないので，今回は［可変サイズ］を選択して［次へ］をクリックします．

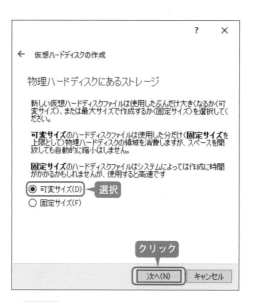

**図 2.26**　仮想ハードディスクの種類の選択

7. 図 2.27 では，仮想ハードディスクのサイズを設定します．ここで設定したサイズが，ゲストOS からみえるハードディスクのサイズです．今回はあまり多くをインストールしないので，20 GB くらいあればよいでしょう．前のステップで可変サイズを選択しているため，実際に消費される物理的なハードディスク容量は，実際にファイルを作成して使用した分にしかなりません．このため，あまり神経質にならなくてもよいです．使っていくうちに容量が足りなくなったときに，既存の仮想ハードディスクの内容を保持しつつサイズを拡張するのはかなり骨が折れます．可変サイズにしておいて，サイズははじめから大きめに設定しておくほうが無難でしょう．

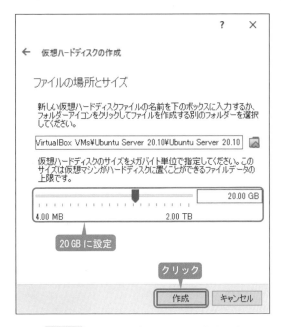

図 2.27　仮想ハードディスクの容量設定

8. ここまでの設定が終わると，VirtualBox 上に Ubuntu を動かすための仮想マシンが作成されま
　　す．図 2.28 の左側に "Ubuntu Server 20.10" という見出しがあり，いまは "電源オフ" になっ
　　ています．

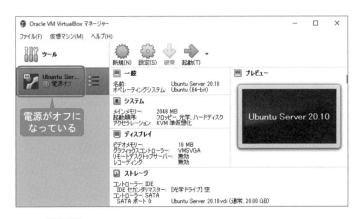

図 2.28　VirtualBox に Ubuntu の仮想マシンが追加された

### 2.4.3　ネットワークまわりの設定

　いまは，ホスト OS（Windows や macOS）とゲスト OS（Ubuntu）は基本的に無関係で，それぞれが勝手に動くようになっている状態です．これらの橋渡しをするために，ホスト OS の特定の IP アドレス・ポート番号にアクセスが来たときに，ゲスト OS 上の特定の IP アドレス・ポート番号にそのアクセスを横流しをする設定を行います．

1. 図 2.29 の上部にある［設定］をクリックして，VirtualBox 上で Ubuntu Server の設定ダイアログを開きます．

図 2.29　Ubuntu Server の設定ダイアログを開く

2. 図 2.30 のようになります．［ネットワーク］→［アダプター 1］→［高度］→［ポートフォワーディング］の順にクリックします．

図 2.30　仮想マシンの設定

3. 図 2.31 のようになります．このダイアログの右側にある緑色の + マークを押します．

図 2.31　ポートフォワーディングルールの設定

4. 図 2.32 のようになります．次のように設定し，［OK］をクリックします．
   - "名前" は適当につけます．ここでは "ssh" としておきます．
   - "プロトコル" は TCP とします．
   - "ホスト IP" は空欄にしておきます．
   - "ホストポート" は 9997 とします．
   - "ゲスト IP" は空欄にしておきます．
   - "ゲストポート" は 22 とします．

この設定内容は，ホスト OS の 9997/tcp にアクセスすると，VirtualBox がそれを横取りしてゲスト OS の 22/tcp に流す，という意味です．これを「ポートフォワーディング (port forwarding)」といいます．ポート番号の 0 から 1023 番は重要なサービスで使うために予約されているので，22 番ポートへの横流し用の作業用ポート番号としては，ここでは 9997 番を使うことにします．22/tcp は，ssh（A.3 節参照）でのリモートログインに必要なポート番号です．

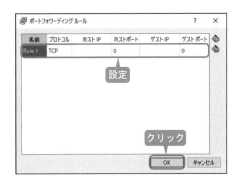

図 2.32　ポートフォワーディングルールの追加

**ポートフォワーディング**

　　特定のポート番号宛に届いたデータを別のポート番号にそっくり横流しすることを，「ポートフォワーディング」といいます．このとき，転送先は別のコンピュータの特定のポートでも構いません．通常は，企業などでインターネットとの窓口となるコンピュータであらゆるインターネットアクセスを受け付けておき，22番宛はAというコンピュータ，25番宛はBというコンピュータ，のように処理を振り分けるといった目的で使われます．本書では，VirtualBox上のUbuntuが22番ポートで待ち受けているときに，ホストOS(Windowsなど)の22番ポートにアクセスしても意味がないため，ホストOSの9997番ポートへのアクセスをUbuntuの22番ポートに転送する，といった目的で使用しています．

### 2.4.4　仮想マシンへのOSのインストール

ここまでで仮想的なPCを作ることができました．次に，ここにUbuntuをインストールします．

1. 図2.29の右上にある［設定］ボタンをクリックして，次に［システム］をクリックすると，図2.33のダイアログが表示されます．"起動順序"を"ハードディスク"→"光学"の順になるように変更し，［OK］をクリックしてダイアログを閉じます．"起動順序"の"フロッピー"のチェックはデフォルトで入っているので外します．

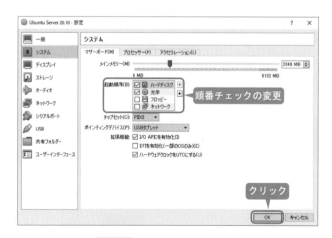

図2.33　起動順序の設定画面

2. 図 2.29 の右上にある［起動］ボタンをクリックします．

3. 初回起動時は図 2.34 のダイアログが表示されます．右側にあるフォルダのボタンをクリックすると，さらに図 2.35 のダイアログが表示されます．［追加］をクリックし，ダウンロードした OS の ISO イメージファイルの場所を指定して［選択］ボタンをクリックすると，図 2.35 のダイアログが閉じるので，図 2.34 の［起動］ボタンをクリックします．

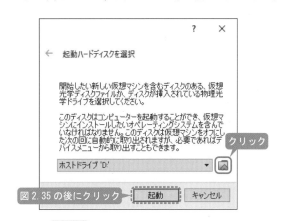

図 2.34　インストールイメージの選択

図 2.35　光学ディスク選択

4. Ubuntu のインストール DVD が仮想マシンの DVD ドライブに挿入された状態で仮想マシン
が起動し，OS のインストーラが起動します（図 2.36）．カーソルキーで "Ubuntu Server"
を選択して Enter キーを押します（30 秒間何もしないと，自動的に Enter キーを押したの
と同じになります）．この段階では，いったんゲスト OS (Ubuntu) 側にキーボードやマウス
の主導権が渡ってしまうと，VirtualBox 以外のアプリでキーボードやマウスを使うことがで
きなくなってしまいます．キーボードやマウスの主導権をホスト OS に戻したいときは，キー
ボードに 2 つある Ctrl キーのうちの右側の Ctrl キーを 1 回押します．具体的にどのキーを
押せばよいかは，VirtualBox のウィンドウ右下に "Right Control" のように表示されています．

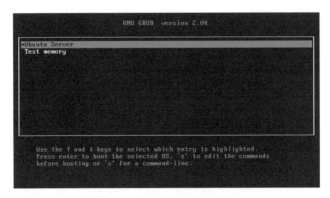

図 2.36　インストール DVD の起動画面

5. Ubuntu のインストーラが起動し，インストーラで使用する言語の選択画面（図 2.37）が表示さ
れます．残念ながら日本語はないので，一覧から "English" を選択して Enter キーを押します．

図 2.37　インストーラで使用する言語の選択

6. 次に，インストーラのソフトウェア自身の更新があるという表示が出る場合があります（図 2.38）．とくに更新なしで進めて構いませんので，[Continue without updating] を選択して Enter キーを押します．

図 2.38　インストーラ自身の更新の確認

7. 図 2.39 の画面になります．ここではお使いのキーボード配列を選択します．"Layout" や "Variant" の行にカーソルを合わせて Enter キーを押すと一覧が表示されるので，選択して Enter キーを押します．選択が終わったら [Done] を選択して Enter キーを押します．

図 2.39　キーボードレイアウトの選択

8. 図 2.40 の画面ではネットワークの設定を行います．ホスト OS がネットワークに接続されていれば自動で設定されています．[Done] を選択して [Enter] キーを押します．

図 2.40　ネットワークの設定

9. 図 2.41 の画面ではプロキシの設定を行います．今回は，この Ubuntu は VirtualBox を介してネットワークに接続されているので，ここは空欄のままで構いません．[Done] を選択して [Enter] キーを押します．

図 2.41　プロキシの設定

10. 図 2.42 の画面になります．ここでは Ubuntu の更新ファイルなどが置かれたサーバーを設定します．物理的に近いサーバーのほうがダウンロードが速くなりますが，デフォルトの状態で適切に設定されています．[Done] を選択して Enter キーを押します．

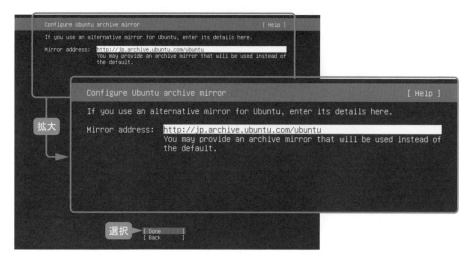

図 2.42　Ubuntu のファイルが置かれているサーバーの設定

11. 図 2.43 の画面になります．ここでは仮想ハードディスクの使い方を設定します．これもデフォルトのままで構いません．[Done] を選択して Enter キーを押します．

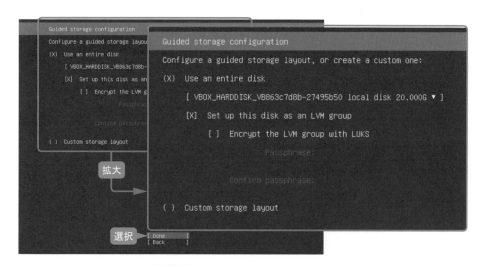

図 2.43　ディスクレイアウトの設定

12. 図 2.44 の画面になります．これは仮想ハードディスクのパーティション設定の確認画面です．これもデフォルトのままで構いません．[Done] を選択して [Enter] キーを押します．

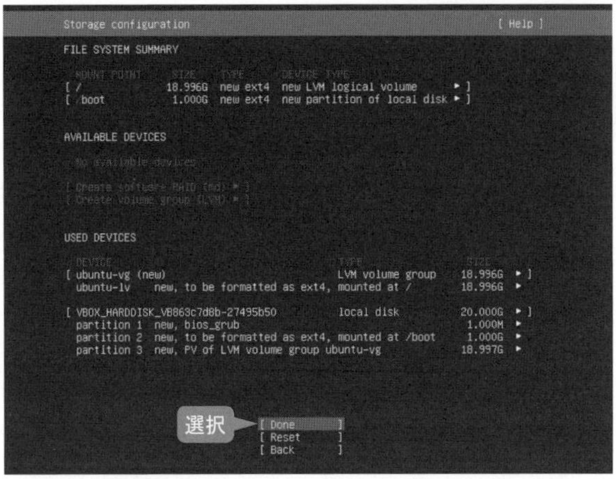

図 2.44　パーティション設定の確認

13. 図 2.45 のような確認が表示されます．これは，ディスクを初期化して Ubuntu のインストールを行ってもよいかの確認です．ここで初期化されるのは，ゲスト OS に接続された仮想的なハードディスクであり，ホスト OS が動いている PC のハードディスク（または SSD）は何ら影響を受けないので心配いりません．[Continue] を選択して [Enter] キーを押します．

図 2.45　ディスクを初期化してよいかの確認

14. 図2.46の画面になります．入力欄がいくつかあります．[Tab]キーや[↑][↓]キーで移動することができます．"Your Name" にはあなたの名前(フルネーム)を入れます．ここでは "Apatosaurus" にしました．"Your server's name" には Ubuntu のマシン名を入れます．ここでは "pangea" にしました．"Pick a username" にはユーザー名を入れます．これがログインに使われる名前（いわゆるアカウント名）になります．ここでは "apato" にしました．パスワードを決め，"Choose a password" と "Confirm your password" の2か所に同じパスワードを入れます．入力が終わったら [Done] を選択して [Enter] キーを押します．

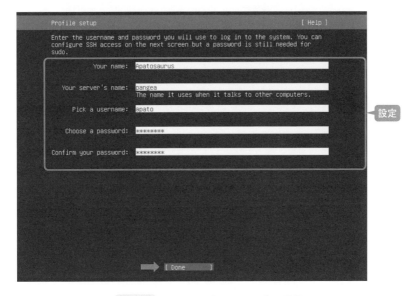

図2.46　ユーザーとサーバー名の登録

15. 図 2.47 の画面になります．VirtualBox の外部から ssh による接続を使えるようにします．
    "[ ] Install OpenSSH server" をカーソルキーで選択し，Space キーを押すと行頭の [ ] が [X]
    に変わります．これがチェックが入っている状態になっています．チェックが入っている
    状態にしたら [Done] を選択して Enter キーを押します．

図 2.47　OpenSSH サーバーの設定

16. 図 2.48 の画面になります．Ubuntu の用途として定番のものが一覧表示されており，ここか
    ら選ぶだけで必要なソフトウェアのインストールや設定が自動で行われて便利です．今回は
    とくに必要ないので，どこにもチェックを入れずに [Done] を選択して Enter キーを押します．

図 2.48　よくあるサーバー環境の選択

17. ファイルのコピーが始まります．コピーには 10 分程度かかります．図 2.49 のように画面
下部に [Reboot] という表示が出ればインストール完了です．[Reboot] を選択して Enter キー
を押します．

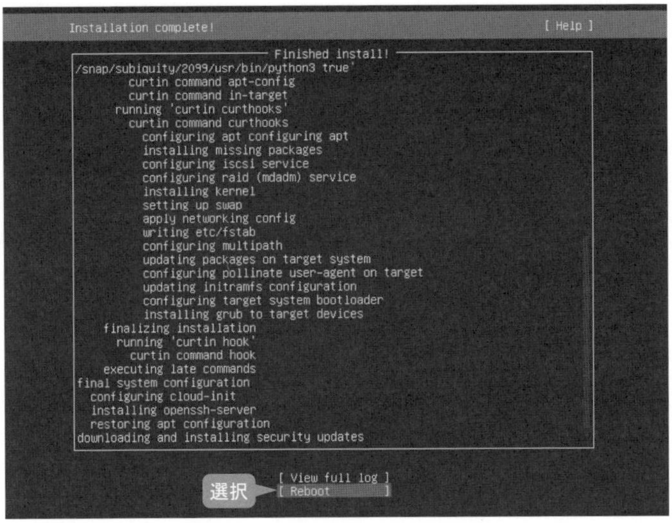

図 2.49　インストール完了の表示

18. 再起動の前に図 2.50 のエラーが表示されることがあります．そのまま Enter キーを押せば
仮想マシンが再起動されます． Enter キーを押しても繰り返し表示される場合は，
VirtualBox のメニューから［デバイス］→［光学ドライブ］→［仮想ドライブからディスクを
除去］の順にクリックして Ubuntu のインストール DVD を仮想マシンから取り出してくだ
さい．

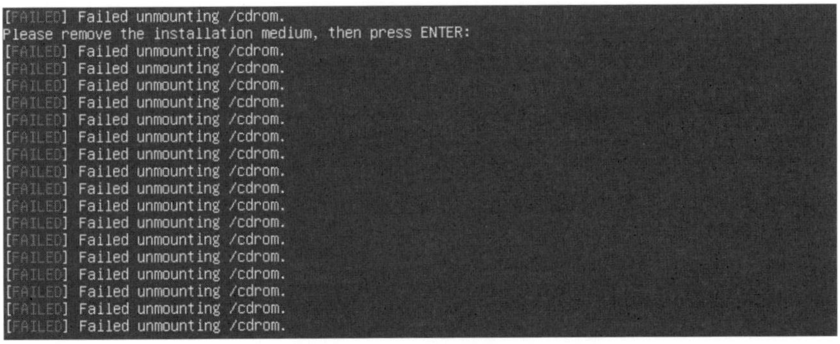

図 2.50　再起動前のエラー

19. 仮想マシンの再起動後，図 2.51 のように，初回起動時のみの設定状況を示す文字が表示されます．画面が固まったかのようにみえても， Enter キーを押すと "pangea login:" というプロンプトが表示されます．ここまでで Ubuntu のインストールは完了です．

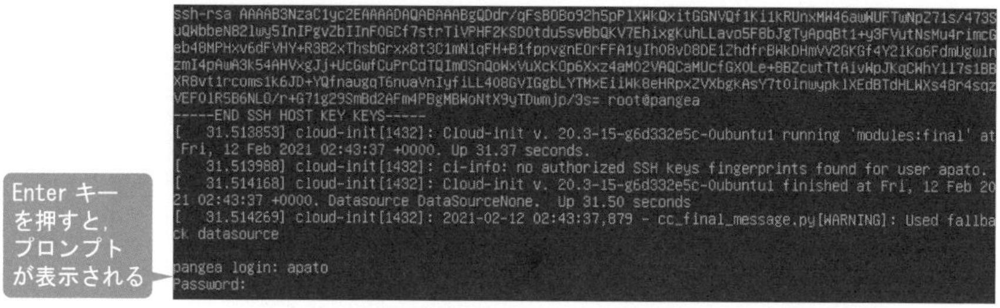

図 2.51　初回起動後のログイン画面

## 2.5　OS インストール後の作業

インストールを一通り終えた OS に対して，各種の設定を行っていきます．

### 2.5.1　ログインする

ここまで準備ができたらログインして，これ以降の作業を行います． Ubuntu が起動すると，以下が画面に表示されます．

```
Ubuntu 20.10 pangea tty1
pangea login:
```

ここで，`pangea login:` という表示の後に 2.4.4 項の手順 14 で設定したユーザー名 "apato" とのパスワードを入力します．セキュリティ上の配慮から，パスワードは画面に表示されません．

ログインに成功すると，プロンプトが "apato@pangea:~$" になります．以後，プロンプトを '$' で表します．

これ以降はこの画面で直接作業をしても構いませんが，コピー & ペーストやスクロールができなかったりなにかと不便です．代わりに，Windows 上で Tera Term を使ったり macOS 上でターミナルと ssh を使うなどして，ssh で Ubuntu にログインすると便利です．ssh でのログイン方法については，付録 A.3 節を参照してください．

### 2.5.2　アップデートをかける

　セキュリティ上の配慮から，OS のインストール直後のこの段階で，OS 公開後に改良されたパッケージなどをインターネット越しにダウンロードして，最新版に更新しておく必要があります．Ubuntu では apt コマンドを使ってパッケージのインストールやアップデートを簡単に行うことができます．

> **パッケージと apt コマンド**
>
> 　ソフトウェアの動作には，プログラム本体だけでなく，画面に表示する画像や設定を保存するためのファイルなど，さまざまなファイルが必要になります．これらをすべてまとめたものがパッケージです．ソフトウェアの動作のためには，これだけでなく，別のソフトウェアが必要になる場合も多くありますが，apt は，必要なパッケージごとソフトウェアをまとめて自動的にインストールしてくれます．

　すでにインストールされているパッケージをすべて最新版に更新するには，コマンドラインから以下のように入力します．管理者として実行するため，はじめに sudo とつけて（apato の）パスワードを入力する必要があります．

```
$ sudo apt update  ← パッケージの情報を更新する
[sudo] password for apato:      ← パスワードを入力
$ sudo apt upgrade ← パッケージを最新版に更新する
   :
Need to get 41.5 MB of archives. ← ダウンロードのサイズ
After this operation, 455 kB of additional disk space will be used.
Do you want to continue? [Y/n]   ← 作業を開始してよいかの確認
```

　ここで y Enter を押すと，アップデートが始まります．Y は yes でアップデートをする，n は no でアップデートをしない，という意味です．単に Enter を押すと，大文字で表示されているほう（ここでは Y）を選んだのと同じになります．OS 本体に関連する部分など，一部の更新は Ubuntu を再起動しないと反映されません．今後も定期的にアップデートを実施し，最新版に保つようにしておきましょう．

### 2.5.3　タイムゾーンの設定

　Ubuntu のインストール直後はタイムゾーンが UTC（協定世界時）になっており，日本の現在日時とは少しずれています．これを日本の現在日時になるようタイムゾーンを JST（日本標準時）に変更します．

```
$ date                                  ← 現在の日時を確認
Fri Jun 11 04:30:45 AM UTC 2021         ← タイムゾーンが UTC になっている
$ sudo timedatectl set-timezone Asia/Tokyo   ← 変更
$ date                                  ← 現在の日時を再確認
Fri Jun 11 01:31:33 PM JST 2021         ← タイムゾーンが JST になった
```

### 2.5.4　パッケージをインストールする

　最小限のインストールを選んだので，現時点では基本的には何も入っていない状態です．ここから 1 つ 1 つ必要なものを揃えていきます．たとえば，有名なテキストエディタである Emacs（イーマックス）を入れたいとします．Emacs にもいくつかありますし，そもそもパッケージの名前がわからないので，まずは apt コマンドの search オプションでパッケージを検索すると，候補一覧が表示されます．

```
$ sudo apt search emacs   ← emacs というキーワードで検索
    :
emacs/groovy 1:26.3+1-1ubuntu2 all
  GNU Emacs editor (metapackage)
    :
emacs-nox/groovy 1:26.3+1-1ubuntu2 amd64
  GNU Emacs editor (without GUI support)
    :
```

　2 行単位で表示されますが，1 行目がパッケージの名前と対応アーキテクチャ（OS の種類や CPU の種類），2 行目がパッケージ内容の説明になっています．今回は emacs-nox を入れてみましょう．次のように入力すると，関連するパッケージが自動的にインストールされます．

```
$ sudo apt install emacs-nox   ← emacs-nox パッケージをインストール
```

### 2.5.5　仕上げ

　最後に，すべての設定を反映させるため Ubuntu を再起動しておきましょう．再起動には
shutdown コマンドを使います．

```
$ sudo shutdown -r now  ← Ubuntu を再起動する
```

Ubuntu を終了して仮想マシンの電源を切るのにも **shutdown** コマンドを使います．

```
$ sudo shutdown -P now  ← Ubuntu を終了する
```

ここまでで基本的な設定は終了です．

# chapter 3 Ruby のコーディングに慣れよう

目標

- ☑ Ruby を Ubuntu にインストールする
- ☑ 簡単な Ruby プログラムを作成して実行する
- ☑ Ruby の簡単な文法に慣れる
- ☑ Ruby のオブジェクト指向的側面に触れてみる
- ☑ コマンドラインで動作するカレンダーを作成する

　本書では，サーバー上で動作する Web アプリのプログラム本体をプログラミング言語 Ruby で記述します．本章では，読者の皆さんがある程度ほかの言語でプログラミングをしたことがあるということを前提に，Ruby ではどのように書くかということを紹介していきます．Ruby 独自の便利な機能をあれこれ並べ立てて混乱を招くのは得策ではないので，ほかのプログラミング言語に似た書き方から入って，まずは Ruby でコードを読み・書き・実行することから慣れていくとしましょう．すでに Ruby に慣れ親しんでいる読者は，3.17 節だけを読んでいただければ十分です．

## 3.1　Ruby について

　Ruby は，まつもとゆきひろ (Matz) 氏が 1993 年に発表したオブジェクト指向プログラミング言語です．いまでは Perl を追い越したといってもよいでしょう．世界中で愛用され，いまも進化を続けています．C 言語や Java はソースコードをいったんコンパイルしてから実行しますが，Ruby は Ruby インタープリタがソースコードを 1 行読み取っては解釈して実行という動作を繰り返すインタープリタ型言語 (interpreter language) です．したがって，原理的に処理は遅くなります．しかし，プログラムがテキストで書かれているがゆえに可読性が高く，そのプログラムをどこへもっていっても OS や CPU に依存しない形で即座に実行することができます．また，Ruby はオブジェクト指向プログラミング言語です．Java よりももっと徹底して，あらゆるものがオブジェクトとして扱われます．さらに，設計自体が非常にシンプルで洗練されています．このような特徴は，言語を学習するにつれて理解できるようになってくるでしょう．

> **インタープリタ型言語**
>
> Ruby 以外のインタープリタ型言語には，Python や Perl などがあります．プログラム
> を書いたらすぐに試せるなどの利点がありますが，実行速度は低速です．一方，C 言語の
> ように，ソースコードを実行前にすべて機械語に変換してから実行する言語のことを「コ
> ンパイラ型言語 (compiler language)」といいます．C 言語以外には Swift や C++ などが
> あります．プログラムを修正するたびにコンパイルをし直す必要がありますが，実行速度
> は高速です．

## 3.2　最新版の Ruby をインストールする

　ここでは，ユーザーのホームディレクトリの .rbenv ディレクトリ以下に Ruby を入れておくこ
とにします．最初に既存のパッケージを最新版に更新し，続いて Ruby の構築に必要なパッケージ
をインストールします．以下のように入力してください．

```
$ sudo apt update      ← パッケージ情報を更新      数字の 1 です
$ sudo apt upgrade     ← 既存のパッケージを更新
$ sudo apt install libssl-dev libreadline-dev zlib1g-dev gcc g++ make
```

　次に，GitHub[1] から **rbenv** というプログラムをインストールします．**rbenv** は複数の Ruby のバー
ジョンを管理するためのプログラムです．通常のプログラムは，システム上に特定のバージョンが
1 つだけインストールされるものですが，**rbenv** を使うと複数のバージョンの Ruby を切り替えて
使うことができます．本書では，動作確認を行った特定のバージョンの Ruby を使うために使用し
ています．以下のコマンドを実行してください．

```
$ cd
$ git clone https://github.com/sstephenson/rbenv.git ~/.rbenv
$ git clone https://github.com/sstephenson/ruby-build.git ~/.rbenv/
plugins/ruby-build      実際は 1 行です
```

　ここでは 2 行目の `git clone ... rbenv` で，GitHub に置かれている **rbenv** という名前のソー
スコード一式のコピーを作ります（2 〜 3 行目）．重要な作業ですので，コマンドの 1 つ 1 つの終
了時にメッセージをきちんと読み，警告やエラーが出ていないことを確認してから，次のコマンド

を入力するようにしてください．UNIX 系 OS は寡黙なので，警告やエラーがでなければ，それは「警告やエラーは発生せず問題なく終了しました」という意思表示と考えてください．

　テキストエディタで ˜/.bash_profile というファイルを作り，以下の内容を保存しておきます．これは，ログイン時に読み込まれ，rbenv コマンドを実行するための準備を行うシェルスクリプトです．

▶ ˜/.bash_profile

```
1  export PATH="$HOME/.rbenv/bin:$PATH"
2  eval "$(~/.rbenv/bin/rbenv init -)"
```

　ここまでできたら，いったんログアウトしてログインし直します．これで先ほどの ˜/.bash_profile が読み込まれて有効になります．次のように入力すると，インストール可能な Ruby のバージョンが表示されます．

```
$ rbenv install --list
2.5.8
2.6.6
2.7.2
3.0.1
jruby-9.2.16.0
mruby-2.1.2
rbx-5.0
truffleruby-21.0.0
truffleruby+graalvm-21.0.0

Only latest stable releases for each Ruby implementation are shown.
Use 'rbenv install --list-all / -L' to show all local versions.
```

　一覧に表示される項目のうち，jruby というのは Java で書かれた Ruby インタープリタのことなので，いまは関係ありません．ここではバージョン番号がなるべく新しい Ruby をインストールすることにします．上記の実行例では 3.0.1 です．次のようにしてインストール作業を行います．

```
$ rbenv install 3.0.1   ← バージョン 3.0.1 をインストールする
$ rbenv global 3.0.1    ← バージョン 3.0.1 を使用するよう設定
$ rbenv rehash          ← 関連ファイルを再配置して使用可能にする
```

　インストールが終わったらバージョンを確認しておきます．Ruby で書かれたプログラムは OS に依存せずに動作します．ただし，Ruby 言語自体がバージョンアップのたびに仕様が変わることが多いので，少々注意が必要です．

```
$ ruby -v ← バージョンを表示して終了する
ruby 3.0.1p64 (2021-04-05 revision 0fb782ee38) [x86_64-linux]
```

　複数のバージョンの Ruby をインストールしておき，デフォルトで使う Ruby のバージョンを選ぶこともできます．次の例では 2 つのバージョンをインストールしておき，2.6.6 のほうをデフォルトにします．最後の rehash により，gem によってインストールされたパッケージを適切な場所に再配置する必要があります．gem は各種の便利な機能を Ruby に追加するライブラリです．Ruby のバージョンにあわせてインストールすべき gem のバージョンも選ぶ必要がありますが，Ruby 本体とあわせて **rbenv** が管理してくれます．

```
$ rbenv install 2.6.6
$ rbenv install 3.0.1
$ rbenv global 2.6.6   ← 2.6.6 と 3.0.1 のうち 2.6.6 を使用する
$ rbenv rehash         ← 2.6.6 の関連ファイルを再配置して使用可能にする
```

　本書のソースコードは Ruby 3.0.1 で動作確認しています．新しいバージョンの Ruby では細かい部分が異なるかもしれないので留意してください．

## 3.3　プログラムの編集と実行

　ここからは，Ruby のプログラムを実験していきます．Ruby のソースコードはテキストエディタで記述し，*game.rb* のように .rb という拡張子をつけて保存します．文字コードは UTF-8, 改行コードは LF にしておくと，のちのち問題が少ないでしょう†．

## 3.4　はじめはここから

　Ruby プログラミングも伝統に従って，Hello World から始めます．次のたった 2 行のプログラムを入力して，*HelloWorld.rb* という名前で保存してください．

▶ *HelloWorld.rb*

```
1  # This is my first Ruby program
2  puts "Hello, World"
```

---

†　変換の方法については，付録 A.1 節を参照してください．

プログラム中の # から行末まではコメント†で，puts は文字列を書き出す命令です．また，C 言語や Java のような文の終わりを表す終端記号（セミコロン）は不要です．

Ruby はインタープリタ型言語なので，コンパイルの必要はありません．プログラムを書いたらそのまま実行できます．

```
$ ruby HelloWorld.rb ← HelloWorld.rb を実行
Hello, World        ← 正常に実行された
```

## 3.5　引用符の扱い

Ruby では，次の 2 つは明確に区別されます．

```
puts 'aaa \n bbb'
puts "aaa \n bbb"
```

シングルクォーテーションで囲んだ文字列はわずかな例外を除いてそのまま出力されますが，ダブルクォーテーションで囲んだ文字列は事前に内部的な処理をした後で出力が行われます．上の 2 つの例では，後者は \n の部分が改行に置き換えられてから出力が行われますが，前者は \n の部分まで含めてそのまま出力が行われます．よくみかけるのは次のような使い方です．変数 name に入っている内容を #{...} というところで置き換えています．*HelloWorld.rb* に次の 3 行を付け加えて結果を確認してみましょう．

```
1  name = "egg of dinosaur" # 変数 name に文字列を代入
2  puts 'This is an #{name}.'
3  puts "This is an #{name}."
```

結果は次のようになります．

```
This is an #{name}.          ← '...' の中身がそのまま表示
This is an egg of dinosaur.  ← #{name} が変数の内容に置き換えられて表示
```

---

† C 言語や Java では // に相当するものです．

# 3.6 条件分岐

ここでは変数の値などによってプログラムの流れを変える条件分岐の命令について説明します.

### 3.6.1 if

もっとも基本的な条件判断命令は if です. 次のように書きます. 条件が成り立たない場合はこの部分は無視されます.

```
1  if 条件
2      条件が成立した場合の処理
3  end
```

else を使って条件が成立しなかった場合の処理を付け加えることができます. どちらの場合も, 処理の部分には何行でもプログラムを書くことができます[†].

```
1  if 条件
2      条件が成立した場合の処理
3  else
4      条件が成立しなかった場合の処理
5  end
```

条件比較のための演算子としては, 表 3.1 のものが使えます.

表 3.1　比較演算子

| 演算子 | 意味 |
|---|---|
| A == B | A と B が等しい |
| A >= B | A は B は以上 |
| A <= B | A は B 以下 |
| A > B | A は B より大きい |
| A < B | A は B より小さい |
| A != B | A は B と異なる |

次の例では, 年齢 age により大人か子供かを判別するために, age が 20 以上なら "otona" と表示し, そうでないなら "kodomo" と表示します.

---

† C言語やJavaとは異なり, if が成立した場合の実行内容が 1 行であっても, if ブロックの終わりを示す end は必ず必要です.

```
1  age = 18
2
3  if age >= 20
4    puts "otona"
5  else
6    puts "kodomo"
7  end
```

if と合体させて次のように書くこともできます．これは age が 20 以上の場合に "otona" と表示し，そうでない場合は何もしない例です．英語の文章だと思って読むと理解しやすいですね．

```
1  puts "otona" if age >= 20
```

また，条件を複数指定する場合は && や || という演算子を使います．A かつ B が成り立つという条件は A && B，A または B が成り立つという条件は A || B のように書きます．たとえば，年齢が 6 歳以上かつ身長が 120cm 以上ならジェットコースターに乗れるとした場合は，次のように書けます．

```
1  # Can I ride on this roller coaster?
2  if age >= 6 && shincho >= 120
3    puts "YES"
4  else
5    puts "NO"
6  end
```

Ruby 独自の書き方で頻出するのは次のような書き方です．ほかのプログラミング言語とは異なり，Ruby では if は文 (statement) ではなく式 (expression) として扱われるので，処理（計算）を行って何らかの値を返します．したがって，次の例を実行すると "kodomo" と表示されます．message の右辺は値を示しており，age が 20 以上であれば "otona"，そうでなければ "kodomo" という値を返し，左辺の message にその値が代入されています．

```
1  age = 10
2  message = if age >= 20
3              "otona"
4            else
5              "kodomo"
6            end
7  puts message
```

基本事項のチェック！

> ⋯⋯⋯⋯ トレーニング ⋯⋯⋯⋯⋯⋯⋯⋯⋯⋯⋯⋯⋯⋯⋯⋯⋯⋯⋯⋯⋯⋯⋯⋯⋯⋯⋯⋯⋯⋯⋯⋯⋯
>
> **1.** 西暦年 $y$ を適当に設定し，$y$ が閏年かどうかを判定して表示するプログラム *LeapYear.rb* を作
> 成してください．$y$ が 4 で割り切れる年を閏年としますが，例外的に，$y$ が 100 で割り切れて
> 400 で割り切れない年は閏年ではありません．たとえば，1900 年や 2100 年は閏年ではありま
> せんが，1600 年や 2000 年は閏年です．Ruby では，A%B と書くと A を B で割った余り（剰余）
> を求められます．たとえば，15%7 は 1 です．

### 3.6.2　case

　いくつもの分岐先がある場合（多分岐）は，if をたくさん並べる代わりに case を使うとシンプ
ルに書くことができます．case で多分岐のための変数を設定し，when でそれぞれの場合の処理
を書きます[†]．どの when にもひっかからない場合は else のブロックが実行されます．次の例は，
カレーライスの辛さを分類するものです．karasa に 1, 3, 5 以外の値を設定した場合も試してみ
てください．

```ruby
karasa = 3

case karasa
when 1
  puts "amakuchi"
when 3
  puts "chuukara"
when 5
  puts "karakuchi"
else
  puts "???"
end
```

　条件にあてはまる数値の範囲も簡単に指定できます．これも karasa が 4 や 7 の場合の挙動を
チェックしておいてください．

```ruby
karasa = 4

case karasa
when 1, 2
```

---

† C 言語や Java では多分岐に switch ～ case を用います．これらの言語では，case 1: のように書いた部分はコンパイラに
与える目印に過ぎず，break 文を明示的に書かないと，上から下にどんどんと case 文のブロックが実行されていってしま
いました．Ruby では，条件にあてはまる when のブロックのみが実行されて，そこが終わると外に出ます．

```
5      puts "amakuchi"      # 1 or 2
6    when 3
7      puts "chuukara"
8    when 5
9      puts "karakuchi"
10   when 6..99
11     puts "cho-karakuchi"  # 6 to 99
12   else
13     puts "???"
14   end
```

if と同様，case も実は文ではなく式です．次のようにして，変数 aji の内容を切り分けることができます．

```
1   karasa = 99
2
3   aji = case karasa
4         when 1
5           "amakuchi"
6         when 3
7           "chuukara"
8         when 5
9           "karakuchi"
10        when 6..99
11          "cho-karakuchi"
12        else
13          "???"
14        end
15
16  puts aji
```

········· トレーニング ·········                              基本事項のチェック！

**1.** 身長 $h$（メートル単位）と体重 $w$（キログラム単位）を変数で与えると，

$$身長 BMI = \frac{w}{h^2} \tag{3.1}$$

から BMI 値を計算し，case を使って次のようなメッセージを表示させるプログラム *bmi.rb* を作成してください．

- 18.5 未満…低体重
- 18.5 以上 25.0 未満…標準体重
- 25.0 以上 30.0 未満…肥満（1 度）
- 30.0 以上 35.0 未満…肥満（2 度）
- 35.0 以上 40.0 未満…肥満（3 度）
- 40.0 以上…肥満（4 度）

## 3.7 ループ

ここでは繰り返しを実現する構文について説明します.

### 3.7.1 loop

もっとも原始的なループは loop で実現します. 次のように書くと, Ruby は処理を無限に繰り返します.

```
1  loop do
2    繰り返す処理
3  end
```

この無限ループから抜け出すには break を使います. break は C 言語や Java と同様, もっとも内側の処理ブロックを脱出する命令です. 次の例では, loop ～ end による無限ループの中で変数 i を表示・増加させながら, もし i が 5 よりも大きくなったら break してループを抜けます.

```
1  i = 0
2  loop do
3    print i, " "
4    i += 1
5    break if i > 5
6  end
```

結果は次のようになります.

```
0 1 2 3 4 5
```

### 3.7.2 while

while は, 中にある処理を 0 回以上の不定回, 条件が満たされている間ずっと繰り返します. 次の例をみてみましょう.

```
1  i = 0
2  while i < 5
3    print i, " "
4    i += 1
5  end
```

 i ＜ 5という条件式が成立する間，ループ本体を実行します．i += 1を実行した結果，i＝5になるとループを終了するので，i＝5のときのprintは実行されず，画面上には4までが出力されます．

```
0 1 2 3 4
```

 while は次のように書くこともできます．次の例では，最初 1 に設定された i を 2 倍していきますが，2, 4, 8, 16, 32, 64, 128 まで来たところで while の条件を満たさなくなるので，画面上には128 と出力されることになります．

```
1  i = 1
2  i *= 2 while i < 100
3  puts i
```

### 3.7.3  until

 until はちょうと while と逆の意味で，条件が満たされるまで処理を繰り返します．次の例では，i ＞ 5という条件式が成り立つまで，ループ本体を実行します．

```
1  i = 0
2  until i > 5
3    print i, " "
4    i += 1
5  end
```

 i＝5のときもi＞5は偽ですからprint が実行されますが，この状態からi += 1してi＝6になったところでループを抜けるので，画面上には5までが出力されることになります．

```
0 1 2 3 4 5
```

 until も while と同じように省略して書くことができます．次の例では，画面上に 128 と表示されます．

```
1  i = 1
2  i *= 2 until i > 100
3  puts i
```

### 3.7.4　for

処理を行う回数があらかじめ決まっている繰り返しには，for を使います．もっとも簡単な書き方は次のとおりです．

```
1  for i in 1..5 do
2    print i, " "
3  end
```

do は省略可能です．実行すると，単純な 5 回のループが実行できていることがわかります．

```
1 2 3 4 5
```

先ほどの例の 1..5 は，「範囲オブジェクト (range)」とよばれるもので，1 から 5 の範囲の数値を表します．別の書き方をしてみましょう．

```
1  for i in [2, 0, 2, 1] do
2    print i, " "
3  end
```

"[" と "]" で囲んだ部分が順番に取り出されていることがわかります[†].

```
2 0 2 1
```

ループカウンタをより細かく制御したいときは，step を使えば簡単です．step は刻み幅を指定します．次の例では 0 から 10 までを 0.6 刻みで，という意味になります．

```
1  for i in (0..10).step(0.6) do
2    print i, " "
3  end
```

この結果は次のようになります．

```
0.0 0.6 1.2 （中略） 7.8 8.4 9.0 9.6
```

---

† 範囲オブジェクトは，[...] を省略形で書いたものと思えばよいでしょう．

···· トレーニング ····

1. 素数を 2, 3, 5, ... と 20 個発見するプログラム *prime20.rb* を作成してください．ちなみに，20 個目は 71 です．

2. *x* が偶数であれば 2 で割り，奇数であれば 3 倍して 1 を足すという操作を繰り返すと，どんな 自然数から出発しても 1 にたどり着くといわれています．1 から 100 までのすべての *x* でこれ を確かめるプログラム *collatz.rb* を作成してください．

## 3.8  メソッド

何度も使う処理は，そのつどプログラムを書くのではなく，1 か所にだけ書いておいて，必要な ときに呼び出して使います．これを「メソッド (method)」といいます．別のプログラミング言語 では，関数やサブルーチンとよぶこともあります．メソッドは def で始めて end で終わります．

```
1  def display
2     処理
3  end
```

引数がある場合は，次のように書きます．

```
1  def checkName(hikisu1, hikisu2)
2     処理
3  end
```

戻り値の型は書かず，**メソッド名は小文字で始めなければなりません**．また，引数なしの場合に も，C 言語のように () や (void) のような記述はつけません．

次の例では，a と b という 2 つの引数を受け取り，a+b の値を表示するメソッド tasu を定義し ています．

```
1  def tasu(a, b)
2    puts (a + b)
3  end
4
5  tasu(1, 2)
```

呼び出し側でメソッドの引数を省略したときに埋め合わせとして使われる引数の値を「デフォル ト引数」といいます．デフォルト引数は書かなくても構いません．次のプログラムでは，coffee

という，3つの引数をもつメソッドを定義しており，呼び出されたときに不足する引数をデフォルトの値で補うようになっています[†].

```
1  def coffee(taste = "normal", sugar = "use", milk = "use")  ← デフォルト引数
2    puts "#{taste}, #{sugar}, #{milk}"
3  end
4
5  coffee()
6  coffee("strong")
7  coffee("weak", "no sugar")
8  coffee("normal", "use", "low-fat")
```

上記のプログラムを実行すると，次のようになります．呼び出し側と見比べてみてください．

```
normal, use, use
strong, use, use
weak, no sugar, use
normal, use, low-fat
```

さて，問題は戻り値です．Ruby にも return があるので，これを使えば確かに OK です．次のサンプルを実行してみてください．

```
1  def tasu(a, b)
2    c = a + b
3    return (c)
4  end
5
6  puts "kotae = #{tasu(1, 2)}"
```

結果は次のようになります．期待どおりでしょう．

```
kotae = 3
```

次に，このサンプルの中の return(c) を # でコメントアウトして実行してみてください．結果は変わらず，tasu(1, 2) を呼び出した結果として 3 という値が戻ってきていることが確認できます．

```
kotae = 3
```

---

† では，受け側の引数の個数以上（ここでは 4 個以上）を渡そうとするとどうなるでしょうか？

実は，Rubyにおいては，メソッドの戻り値というのは，メソッドの最後に評価した式の値です．ここではc = a + bという式の答え（すなわちcの値）が該当しています．ここで計算された3という値が，そのまま戻ってきているのです．では，returnの存在意義は？ということになりますが，「returnは，引数に取った値をそのまま評価する文」と読み直せば，一貫した理解ができるでしょう．たとえば，`return(c)`を`return(c * 2)`のように変えてみてください．引数であるc * 2が評価されて，結果的にこれがメソッドの戻り値となります．Rubyの慣習では，可能な限りreturnは書きません．

---

**トレーニング**　　　　　　　　　　　　　　　　　　　　　　　**基本事項のチェック！**

**1.** 身長と体重を引数として与えるとBMIの値を計算して返すメソッドを作成してください．呼び出し側ではその値を受け取って「標準体重」「低体重」などのメッセージを表示してください（値とメッセージの対応は3.6節のトレーニングを参照してください）．ファイル名は *bmi2.rb* とします．

---

## 3.9　変数やメソッドの命名規則

C言語のような古典的なプログラミング言語では，変数や関数の名前はプログラムを書く人が適当につけて構いませんでした．しかしこれは，ほかの人が読むときに著しい困難を強いることになります．たとえば，データのチェックを行う関数は，`check_data()`なのか，`data_check()`なのか，`CheckData()`なのか，書く人によってバラバラになりがちです．$x$軸まわりの角度は「角(angle)の$x$成分」という意味で`Ax`なのでしょうか，それとも「$x$軸まわりの角」という意味で`Xa`なのでしょうか．このような自己流があちこちにあると，チームでコードを書く場合などは，それがプログラムのファイルごとに異なる可能性があります．これは読む側にとっては苦行に近いですし，「要らぬ混乱」を招くだけです．「要らぬ混乱」は，あとから「えっ，この行はそういう意味だったの!?」と気づいて修正する羽目になる「要らぬバグ」を埋め込んでしまう原因にもなります．

そこでRubyでは，変数名などの付け方が統一されています[2]．メソッド名などを何がなんでも小文字で始めなければ動かないということはなく，大文字で始めてもきちんと動きますが，読む人の立場に立って，無意味に（フィーリングで）ルールを逸脱して書くことは避けるべきです．

- 変数名はすべて小文字を使用し，複数の単語からなる名前はスネークケースで表記します．例：score, high_score
- ローカル変数名は，小文字またはアンダースコアで始めます．1つのメソッドの中でだけ有効な変数です．

- インスタンス変数名は @ で始めます．クラスから生成されたインスタンス 1 つ 1 つに固有の変数です．
- クラス変数名は @@ で始めます．そのクラスから生成したすべてのインスタンスで共通の変数です．
- グローバル変数名はドル記号 $ で始めます．プログラムのどこからでもアクセスできる変数ですが，メリットに比べてデメリットが大きいので，どうしてもという場合以外は使うべきではありません．
- 先頭文字以降は，文字・数字・アンダースコアを自由に組み合わせて指定できます．ただし，記号や $ 記号の直後に数字を続けることはできません．
- ローカル変数・メソッドの引数・メソッド名は，すべて小文字またはアンダースコアで始めます．
- 定数名は大文字で始めます．クラス名は定数なので，定数の命名規則に従います．慣習上，クラス名はキャメルケースで表記し，定数オブジェクトには大文字とアンダースコアを使います（例：`PI_SQUARE = 3.14 * 3.14`）．

「キャメルケース (camel case)」とは，MyClass や ZipNumber のように，複数の単語からなる名前において単語ごとに先頭の文字を大文字にしてほかを小文字にする書き方です．大文字の部分が出っ張ってラクダ (camel) のこぶのようにみえることから，このようによばれます．また，my_class や zip_number のように，すべて小文字で表記して単語間をアンダースコアでつなぐ方法は，ヘビ (snake) になぞらえて「スネークケース (snake case)」とよばれます．

---

### Java における変数名などの付け方

　C 言語をお手本に設計された Java は，変数名やメソッド名，クラス名の付け方を統一しました．たとえば，メソッド名はメソッドが何をすべきかを表す重要なものですが，Java のメソッド名には，open や add というように英語の動詞を能動態ですべて小文字で書き，その後に 1 文字目が大文字の名詞を並べ，`openFile()` や `addContents()` といった名前をつける約束になっています．また，boolean 型の true か false のいずれかを返すメソッドは `isXXX()` のように名前をつける約束になっており，プログラムを読むときにわかりやすくなっています．Java における命名規則としてオーソライズされた情報としては，文献 [3] の 6.8 節もしくは文献 [4] の第 9 章をあたってみてください．

## 3.10 Ruby は型を宣言しない

　Ruby は「動的型付け (dynamic typing)」の言語です．この言語では，文法的に型を固定することはしません．プログラムの実行時になってはじめて，何が代入されるかによってその受け入れ先の型が決まるのです．何が代入されるのかわからず，あらゆる可能性を考慮して処理を進めていく必要があるので，処理が遅くなる原因となります[†]．動的型付け言語では，実行時の代入を監視し，代入元のデータと代入先の型があっている（言い換えると代入が可能である）ことを判断します．期待する型と異なる型が代入されようとしたときは，単にエラーとするものもありますし，自動的に代入が可能なものに変換するものもあります．静的型付け言語に慣れてきた人にとっては，この「ゆるさ」が落ちつかないかもしれません．

　たとえば，

```
a = 12345
```

として適当な値を代入したとき，12345 は一定の範囲（符号つき 32 ビット整数）に収まっているので，a は Fixnum クラスのオブジェクトとしてバイナリ形式で内部的に格納されます．Fixnum クラスの範囲をはみ出た整数は，自動的に Bignum クラスに読み替えられます．プログラムを書く人は単に a という変数に値が入っている，という程度の認識だけでよいのです．これは非常に気が楽で，柔軟かつ迅速にプログラムを生産することができます．反面，変数名のタイプミスなどがあってもそれはそれで正規の変数として使えてしまうので，みつけにくいバグを作り込んでしまうことにもつながります．

### ◯ C 言語や Java は型を宣言する

　C 言語や Java は「強い静的型付け (static typing)」という種類に分類される言語です．これは，プログラムを実行する前の段階ですでに変数などの型が決まっていることを指します．これらの言語では，変数や関数の戻り値など，ほぼすべての値は何らかの型に分類されており，「キャスト (cast)」という例外を除いて相互に変数をやりとりすることはありません．int 型の変数 a に double 型の変数 b を入れることはできず，明示的に

```
a = (int)b;
```

---

　[†]　1 つの例が JavaScript です．Ruby と同様の型システムをもつ JavaScript は，型がわからないことが速度面で問題となっていましたが，最近では「型推論 (type interface)」というしくみを取り入れて，劇的な高速化を実現しています．

のように書かなくてはなりません．すなわち，プログラマが「キャストをした」と承知したうえで，型変換のコードを書かなければならないのです．このような静的な型付け言語は，コンパイルの段階でのエラーチェックを強力に行うことができます．また，事前に型（＝割り当てるメモリ）が把握できるため，コンパイラによる高度な最適化が可能です．

# 3.11 配列変数と each

Ruby においては，配列変数はオブジェクトの集合であり，異なる型を列挙して配列とすることができます．これは C 言語や Java などとは大きく異なる部分といえます．また，配列変数の個数を指定する必要はありません．次のサンプルプログラムをみてみましょう．

```
1  a = ['volcano', 123, true, 4.56]
2
3  for i in a do
4    puts i
5  end
```

配列変数とはいっても，単に a としか書かないので，見た目では a が配列変数かどうかはわかりません．実行結果は次のようになります．

```
volcano
123
true
4.56
```

ここで，配列変数 a は 4 つのオブジェクトの集合です．文字列・整数・真偽値・浮動小数点実数という異なる 4 つの型のオブジェクトが列挙されています．3 行目の **for i in a** で，配列変数 a を順に 1 つ拾い出して，それを i としてループ本体を実行する，ということを a のすべての要素について実行するという意味になります．4 行目が変数 i の値を**そのまま**表示していることに注意してください[†]．これは UNIX 系 OS のシェルスクリプトの流儀にとてもよく似ています．

ただし，ここで用意した i という変数は，ループを抜けた後も生きているので注意が必要です．

---

† C 言語や Java では a[i] のように書きたくなるところですが，この例では i はループカウンタの整数値ではなく a という配列変数から拾い出した要素そのものです．

配列変数の要素すべてに対して処理を行いたい場合は，for よりも each を使うほうが意味的にも理解しやすいですし，余計な変数を増やさないという点でも望ましいと思います．

次の例では，for の後の puts i は成功して最後に i に入っていた値 4.56 が表示されますが，each のブロックの後の puts j は未定義の変数 j を使用したとしてエラーになります．

```
1  a = ['volcano', 123, true , 4.56]
2
3  for i in a do
4    puts i
5  end
6  puts i
7
8  a.each do |j|
9    puts j
10  end
11  puts j
```

Ruby ではすべてのものがオブジェクトなので，配列変数も作成した瞬間にメソッドやプロパティをもつ独立したオブジェクトとなります．配列変数のプロパティ（メンバー変数）の 1 つが count です．次の 1 行を先ほどのプログラムの末尾に追加して実行してみると，配列変数 a の要素数（すなわち 4）が返ってきます．

```
1  puts a.count
```

単に a が配列であると宣言しただけで要素数を表示させても，当然ゼロが返ります．

```
1  a = []
2  puts a.count
```

個数が決まっているのであれば，Array クラスを使って配列変数を作成できます．次の例では a[0] から a[49] の 50 個を作成しており，中身は nil で初期化されています[†]．

```
1  a = Array.new(50) # a = [nil, nil, ..., nil]
```

配列変数の要素数は Ruby が自動的に管理しています．いまこのサンプルで扱っている配列の要素は a[0] から a[3] の 4 つですが，ここで

```
1  a[7] = 123
```

---

† nil は Java の null に相当し，「どこも指していない」「なんの値でもない」という意味の特殊な「値」です．3.16 節も参照してください．

という 1 行を実行すると，自動的に要素数が a[0] から a[7] の 8 つまで拡大され，a[7] に 123
が代入されます．途中の a[4] から a[6] には nil という値が代入されます．先ほどのプログラ
ムの 1 行目で 4 つの配列変数を定義していますが，その次の行に a[7] = 123 という記述を追加
して実行すると，次のような結果となります．

```
1  a = ['volcano', 123, true, 4.56]
2  a[7] = 123
3
4  a.each do |j|
5    puts j
6  end
7
8  puts a.count
```

これを実行してみましょう．

```
volcano
123
true
4.56
           ← nil が格納されている
           ← nil が格納されている
           ← nil が格納されている

123
8
```

実は，先ほどの count は引数をとることができ，その引数と一致する要素の個数を返します．
次のようにすると，123 という値をもつ要素の数（すなわち，a[0] と a[7] の 2 つなので 2）を
返します．

```
1  puts a.count(123)
```

Ruby では，配列変数の添字に負の数を与えると，配列変数の後ろから数えた要素を返すという
変な仕様があります．

```
1  puts a[-1]  ← 後ろから数えて 1 番目の a[7] を表示
2  puts a[-6]  ← 後ろから数えて 6 番目の a[2] を表示
```

実用上，とくに便利なのは push メソッドです．次のようにすると，a という配列の末尾に要素

を 1 つ付け足し，99 という値を格納します．データをすべて調べて条件に該当するものだけを抜き出すというのはよくあることですが，最初に空の配列 b を作っておいて，条件にあてはまるたびに b に push していけば，条件にあうデータがすべて b に抜き出されています．もちろん，b という配列の要素をいくつ分用意しておくべきかなどは気にする必要がありません．

```
1  a.push(99)
```

＿＿＿トレーニング＿＿＿

**基本事項のチェック！**

1. 10 個くらいの数値を小さい順にバブルソートするプログラム *bubblesort.rb* を作成してください．a = rand(10) とすると，a には 0 以上 10 未満の整数が 1 つ返ってきます[†]．まず，乱数を 10 個発生させて配列変数に格納し，表示させるところから始めてみてください．

## 3.12 コマンドライン引数

UNIX 系 OS の ls コマンドに渡す -1 や **cp** コマンドに与えるファイル名といったものは，「コマンドライン引数 (command-line argument)」とよばれます．C 言語のプログラムでは起動時に main 関数の引数（argc と argv）として，Java のプログラムでは起動時に main メソッドの引数 (ARGS[]) として渡されるものです．

Ruby では，コマンドライン引数は ARGV という配列変数が保持しています．次のプログラムを実行し，コマンドラインからいろいろと入力して試してみてください．3 行目の each は ARGV が配列変数であるところがポイントです．ARGV と書いてあるだけですが，ここに格納されている文字列をずらりと並べたものを，端から順に i に代入して消化していくループになっています．

▶ *args.rb*

```
1  puts "count = #{ARGV.count}"
2
3  ARGV.each do |i|
4    puts i
5  end
```

このプログラムの実行例は次のとおりになります．C 言語の argc や argv には自分自身（ここでは args.rb という文字列）も含まれていましたが，Ruby の ARGV には含まれていません．実行中のファイル名は，擬似変数 __FILE__ で知ることができます．

---

† ちなみに，rand(0) のように引数を 0 にすると，0 以上 1 未満の実数を返します．

```
$ ruby args.rb Velociraptor Mamenchi
count = 2
Velociraptor
Mamenchi
```

······· トレーニング ·······

**1.** ファイル名などに使われるワイルドカードは，UNIX 系 OS ではシェルが展開したうえでプロ
   グラムにその一覧を渡しています．すなわち，プログラムはワイルドカードの展開を行いませ
   ん．これを確認するため，ファイルがたくさん置かれているディレクトリで前述のプログラム
   を ruby args.rb *.txt のようにして実行してみてください．

## 3.13 時刻

　Ruby で時刻を保持している Time クラスの使い方について簡単に説明します．現在時刻を変数
a に取得して表示するには，次のようにします．

```
1  a = Time.now
2  puts a
```

　Time クラスにはさまざまなメソッドがあります．おもなものを表 3.2 に示します．
　ありがたいことに，Ruby は時刻に関する計算も可能です．Time クラスのオブジェクトに対して
整数（秒単位）を加算・減算すると，それに対応した時刻が新たに返されます．

```
1  a = Time.now
2
3  puts a
4  puts a + 10
5  puts a - 10
```

　このプログラムを実行すると次のようになります．1 行目に表示されている時刻の±10 秒の時
刻が，その下に表示されています．

```
2021-04-01 14:56:37 +0900 ← 現在時刻
2021-04-01 14:56:47 +0900 ← 1 行目 +10 秒の時刻
2021-04-01 14:56:27 +0900 ← 1 行目 -10 秒の時刻
```

表 3.2　Time クラスのメソッドと返す値（a = Time.now とする）

| 変数 | 意味 |
|---|---|
| a.zone | タイムゾーン |
| a.getutc | UTC（世界協定時刻） |
| a.year | 西暦年 |
| a.month | 月 |
| a.day | 日 |
| a.hour | 時 |
| a.min | 分 |
| a.sec | 秒 |
| a.wday | 曜日（0= 日曜日，6= 土曜日） |
| a.yday | 1 月 1 日を 1 日目として何日目か |
| a.isdst | 夏時間なら true |
| a.to_i | UNIX epoch（1970 年 1 月 1 日午前 0 時 0 分 0 秒）からの経過秒数 |

任意の日時は，local メソッドで設定できます．

```
1  a = Time.local(2021, 7, 31, 12, 34, 56)   # 2021 年 7 月 31 日 12 時 34 分 56 秒
```

Web アプリを作るうえで実用上便利なのは，UNIX epoch（1970 年 1 月 1 日午前 0 時 0 分 0 秒）からの経過秒数を返す to_i メソッドです．年月日，時分秒を個別に管理しなくても 1 つの整数値で操作ができるからです．これとペアで，任意の UNIX epoch からの秒数を日付に変換する at メソッドも覚えておくとよいでしょう．

```
puts Time.now.to_i            ← 現時点での UNIX epoch からの経過秒数を返す
1571533396                    ← 15 億強の整数値が返ってくる

puts Time.at(1234567890)      ← 任意の UNIX epoch からの経過秒数を与える
2009-02-14 08:31:30 +0900     ← その秒数が表す日時が返ってくる
```

1. 表 3.2 の変数をすべて出力するプログラム *time1.rb* を作成してください.
2. 先ほどの例では `local` メソッドは 6 つの引数をもっていましたが,引数をいくつか省略した ときに,どのような時刻が設定されるか調べてください.これは 3.8 節で説明したデフォルト 引数の活用例です.ファイル名は *time2.rb* とします.
3. ある日からある日の間が何日空いているか計算するプログラム *time3.rb* を作成してください. たとえば,1995 年 8 月 24 日から 2009 年 10 月 22 日までは 5173 日離れています.
4. 今日を基準にして,生まれてから何日たったとか試験の日まであと何日かなどを数えるプログ ラム *count.rb* を作成してください.

# 3.14 クラスの作成

まずは継承を考えずに,単純なクラスを作ってみることにします.

## 3.14.1 クラスの定義

クラスの定義は,class **クラス名**で始め,end で終わります.習慣的に,Ruby のクラス名は 3.9 節で説明したようにキャメルケースを使って書きます.

```
1  class ClassName
2    :
3  end
```

## 3.14.2 インスタンスの生成

インスタンスの生成は,new メソッドを使って行います.コンストラクタへの引数もここで渡 すことができます.左辺にインスタンスを格納する変数名,右辺にクラス名に `.new(...)` をつけ たものを書けば,そのクラスのインスタンスが 1 つ生成されて,左辺の変数に(コンストラクタ の戻り値などではなく)そのオブジェクトへの参照が格納されます.

```
1  a = Hoge.new()
2  b = Fuga.new(4, 7)
```

### **3.14.3** コンストラクタ

Java では，クラス名と同名のメソッドを定義しておくと，それが自動的にコンストラクタと読み替えられます．Ruby ではどのようなクラス名であっても，`initialize` という名前のメソッドがコンストラクタとなります．また，Java ではポリモーフィズムの考え方を使って，引数の異なるコンストラクタを多重定義して使い分けることが一般的ですが，Ruby では1つのクラスにはコンストラクタ `initialize` メソッドは1つだけです．`initialize` も1つのメソッドに過ぎませんが，コンストラクタの戻り値は使われず無視されます．

コンストラクタには引数を複数もたせることができます．次のようにすると，引数を3つもつコンストラクタとなります．

```
1  def initialize(a, b, c)
2      :
3  end
```

クラスのインスタンスを生成 (new) する際に，すべての引数を無理に渡す必要はありません．引数が足りない場合は引数のデフォルト値が使われます．次のようにしてデフォルト値つきでクラス Color を定義します．

```
1  class Color
2    def initialize(r = 50, g = 200, b = 20)
3        :
4    end
5    :
```

Color クラスのインスタンスを new する際に

```
a = Color.new(4, 5, 6)
```

とすれば，r = 4, g = 5, b = 6 として `initialize` メソッドが実行されますが，

```
a = Color.new(7, 8)
```

とすると，足りない分の b をデフォルトの値で補って，r = 7, g = 8, b = 20 として `initialize` メソッドが実行されます．

ちょっと注意が必要なのは，コンストラクタ側でデフォルト値をきちんと設定していない場合です．次の例をみてみましょう．

```
1  class Ammonite
2    def initialize(a = 3, b)
3      @value1 = a
4      @value2 = b
5    end
6    :
```

このようなコンストラクタの定義がされているときに

```
c = Ammonite.new(5)
```

とすると，@value1 の値が 3，@value2 の値が 5 となります．しかし，次のように定義されているコンストラクタに対して同じ new を発行すると，@value1 の値が 5，@value2 の値が 9 となります．

```
1  class Ammonite
2    def initialize(a, b = 9)
3      @value1 = a
4      @value2 = b
5    end
6    :
```

また，上記のいずれの場合も

```
c = Ammonite.new()
```

とすると，引数の値を設定しきれなくてエラーが起きます．

```
test.rb:2:in `initialize': wrong number of arguments (given 0, expected
1..2) (ArgumentError)
        from test.rb:9:in `new'
        from test.rb:9:in `<main>'
```

### 3.14.4 簡単なクラスの例

いくつかのメソッドをもつ Curry クラスを作ってみましょう．カレーの辛さを保持する karasa という整数[†]と，ご飯の量（グラム単位）を保持する ryou というインスタンス変数をもつ

---

† 市販のカレールーの箱に書いてある 1 〜 5 の値を想像してください．1 が甘口で 3 が中辛，5 が辛口とします．

ており，`setKarasa` メソッドと `setRyou` メソッドでそれぞれの値を設定し，`getKarasa` メソッドと `getRyou` メソッドでそれぞれの値を参照するという機能だけをもったものです．

クラスの定義が一通り終わったところでプログラム本体が始まり（24 行目以降），`iguano` と `stego` という 2 つのインスタンスを生成して適当に辛さと量を設定し，内容を表示しています．

---

**復習**

　ローカル変数はメソッドの中で使われる変数であり，メソッドの実行が終わると破棄されます．インスタンス変数はそのクラスのすべてのメソッドで共通して読み書きできる変数です．名前の前に **@** をつけます．インスタンス変数は new したオブジェクト 1 つ 1 つに固有の変数です．クラス変数は，そのクラスのすべてのオブジェクトで共通して読み書きできる変数です．名前の前に **@@** をつけます．たとえば，カウンタ的なクラス変数を 1 つ用意しておいて，そのクラスのインスタンスが 1 つ生成されるごとに 1 つ増やし，インスタンスが破棄されるときに 1 つ減らすことにしておけば，その時点でいくつのインスタンスが生成されているのかを知ることができます[†]．

---

▶ *curry.rb*

```ruby
1  class Curry
2    def initialize(a = 3, b = 300) # 引数が省略されたら辛さ 3 と量 300 を使う
3      setKarasa(a)
4      setRyou(b)
5    end
6
7    def setKarasa(a)
8      @karasa = a
9    end
10
11   def setRyou(a)
12     @ryou = a
13   end
14
```

---

[†] C++ などの言語では，このカウンタ（リファレンスカウンタ）がゼロかどうかでメモリを解放し忘れているかどうかを判断するという，プログラミング上の小技があります．Ruby では，不要なオブジェクトは Ruby の「ガーベージコレクタ（Garbage Collector ＝ごみ収集機）」が勝手に掃除を行うので気にしなくてもよくなっています．

```
15    def getKarasa
16      return (@karasa)
17    end
18
19    def getRyou
20      return (@ryou)
21    end
22  end
23
24  iguano = Curry.new(5)      # 辛さは 5，量は指定せずデフォルト値を使う
25  stego = Curry.new(1, 250)  # 辛さは 1 で量は 250
26
27  puts "iguano"
28  puts " karasa = #{iguano.getKarasa}"
29  puts " ryou = #{iguano.getRyou}"
30  puts "stego"
31  puts " karasa = #{stego.getKarasa}"
32  puts " ryou = #{stego.getRyou}"
```

　実行結果は次のようになります．iguano は 24 行目でインスタンスを生成していますが，その際に辛さのみの指定で量を指定していないので，`initialize()` メソッドのデフォルト引数の値（プログラムの 2 行目の b の値 ＝ 300）が使われます．stego は 25 行目で辛さと量の両方をしていして，インスタンスを生成しています．

```
iguano
 karasa = 5
 ryou = 300  ← 24 行目で指定しなかった値
stego
 karasa = 1
 ryou = 250
```

### 3.14.5　クラスを別ファイルにする

　先ほどの *curry.rb* を，Curry クラスの定義部分とプログラム本体に分割してみましょう．次の 2 つのプログラムに分割し，両方を同じディレクトリに置いたうえで *curry_B.rb* のほうを実行します．

▶ *curry_A.rb*

```
1  class Curry
2    def initialize(a = 3, b = 300)
3      setKarasa(a)
4      setRyou(b)
5    end
6
7    def setKarasa(a)
8      @karasa = a
9    end
10
11   def setRyou(a)
12     @ryou = a
13   end
14
15   def getKarasa
16     return (@karasa)
17   end
18
19   def getRyou
20     return (@ryou)
21   end
22 end
```

▶ *curry_B.rb*

```
1  require './curry_A' # curry_A.rb (= Curry クラスの定義) を読み込む
2
3  iguano = Curry.new(5)
4  stego = Curry.new(1, 250)
5
6  puts "iguano"
7  puts " karasa = #{iguano.getKarasa}"
8  puts " ryou = #{iguano.getRyou}"
9  puts "stego"
10 puts " karasa = #{stego.getKarasa}"
11 puts " ryou = #{stego.getRyou}"
```

　*curry_B.rb* を実行すると，問題なく Curry クラスが new されて，メソッドが実行されていることが確認できます．

```
$ ruby curry_B.rb
iguano
 karasa = 5
 ryou = 300
stego
 karasa = 1
 ryou = 250
```

curry_B.rbの冒頭で, requireという命令でCurryクラスの定義 (curry_A.rb) を読み込んでいます. ファイル名の前の "./" という部分は, curry_B.rb と同じディレクトリという意味です. require は, おもに Ruby のライブラリ (gem) を読み込む場合に使います.

# 3.15　クラスの継承

オブジェクト指向プログラミング言語は, 従来の言語から生産性や保守性が大きく向上していますが, その鍵を握るのが「継承 (inheritance)」です.

### 3.15.1　継承の意味

あるクラス A を継承することで, A がもつ変数やメソッドをすべて受け継いだ (コピーした) クラス B を作ることができます. これだけでは継承する意味はありませんが, B に新たにメソッド M を追加すると, A のもつすべての機能にメソッド M が追加された B ができることになります. しかも, B のソースコードにはメソッド M のコードが書かれているだけであり, A と B で共通の機能については改めてコードを書き直してデバッグをし直す必要はありません. このような差分プログラミングを持ち込むことで, オブジェクト指向プログラミング言語のソースコードは非常に見通しがよく理解しやすいものとなります. 見通しがよく理解しやすいということは, 新たに「必要のないバグ」や「誤解に基づくバグ」を作り出す要因を排除することにつながります. また, 継承をした瞬間にデバッグ済みの大量のコードが手に入るので, 生産性は著しく上がることになります.

図 3.1 は継承を模式的に表したものです. Norimono という非常に抽象的なクラスを継承して Car (自動車), Bicycle (自転車), Tricycle (三輪車) というクラスを作っています. Car, Bicycle, Tricycle にはタイヤがあって人が乗れてハンドルがあるという共通の性質があるので, それを Norimono クラスに作り込んでデバッグしておけば, Car, Bicycle, Tricycle に継承した瞬間にそれらの機能は完成し, エンジンがあるなどの個別の機能を作り込むだけで, それぞれのクラス

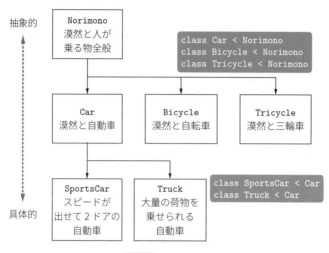

抽象的

具体的

図 3.1　継承の例

が完成します．さらに，スピードを出せて 2 ドアの SportsCar や，乗れる人数は少ないが荷物を大量に積み込めてタイヤが 6 つの Truck なども，Car を継承すればあっという間に作ることができます．継承の元となるクラスを「親クラス (parent class)」や「スーパークラス (super class)」，継承の先となるクラスを「子クラス (child class)」や「サブクラス (sub class)」といいます．

### 3.15.2　Ruby における継承

Ruby において，親クラス A を継承して子クラス B を作るには，B の定義のところで

```
class B < A
```

のようにします．これで，A のもつすべてのメソッドやプロパティをもつ子クラス B が作られます．

親クラス A にないメソッドを子クラス B に追加すれば，それは B 独自のメソッドとして実装され，B からは A のもつすべてのメソッドと独自に実装したメソッドの両方を使うことができます．A と同名のメソッドを B でも定義すると，B のメソッドで A のメソッドを上書きして，B のメソッドを実行するようになります．これは，オブジェクト指向プログラミング言語では「オーバーライド (method overriding)」とよばれる機能です．

次の *kodomocurry.rb* は，Curry クラスがもつすべての機能を引き継いで，かつ，おまけがついてくるという意味の openOmake メソッドを追加した KodomoCurry クラスを作っています．

```ruby
class Curry
  def initialize(a = 3, b = 300)
    setKarasa(a)
    setRyou(b)
  end

  def setKarasa(a)
    @karasa = a
  end

  def setRyou(a)
    @ryou = a
  end

  def getKarasa
    return (@karasa)
  end

  def getRyou
    return (@ryou)
  end
end


class KodomoCurry < Curry
  def initialize(a = 1, b = 200)   # 甘口でご飯は少なめ
    setKarasa(a)
    setRyou(b)
  end

  def openOmake
    puts "Omake Open!"
  end
end


iguano = Curry.new(5)
stego = KodomoCurry.new  # KodomoCurry クラスのインスタンス

iguano.setKarasa(99)

puts "iguano"
puts " karasa = #{iguano.getKarasa}"
puts " ryou = #{iguano.getRyou}"

```

```
46  # 25 ～ 34 行目には書かれていないメソッドは Curry クラスからそのまま引き継ぐ
47  stego.setKarasa(99)
48
49  puts "stego"
50  puts " karasa = #{stego.getKarasa}"
51  puts " ryou = #{stego.getRyou}"
52  stego.openOmake   # stego は openOmake メソッドが使える
```

　KodomoCurry クラスのコンストラクタをみるとわかるように，デフォルトの辛さを 1，ご飯の量を 200 グラムにしています（26 行目）．また，KodomoCurry クラスのインスタンスである stego は，openOmake メソッドを実行することができています（52 行目）．

　実行結果は次のようになります．KodomoCurry クラスの中には，Curry クラスと異なる部分が書かれているだけですが，立派に getKarasa メソッドなどを使えている点に注目してください．

```
iguano
 karasa = 99
 ryou = 300
stego
 karasa = 99 ← getKarasa メソッドなどが使えている
 ryou = 200
Omake Open! ← stego は KodomoCurry クラスなので openOmake メソッドがある
```

**トレーニング**　　　　　　　　　　　　　　　　　　　　　　　　　　**基本事項のチェック！**

1. *kodomocurry.rb* の KodomoCurry クラスで，setKarasa メソッドをオーバーライドし，中辛以上は設定できないようにしてください．

2. *kodomocurry.rb* の KodomoCurry クラスで，おまけは 1 つしか入っていないようにしてください．すなわち，openOmake メソッドは 1 回しか実行できず，2 回目以降は "mounaiyo!" と表示するようにしてください．2 つ以上のインスタンスがあっても，すべてのインスタンスで正確に 1 回ずつ開けられるように，変数の使い分け（@= インスタンス変数，@@= クラス変数，$= グローバル変数）を考えてみてください．

3. *kodomocurry.rb* の Curry クラスの setRyou メソッドで正の値しか設定できないようにしてください．範囲外の値が渡されたときの挙動は適当に決めて構いません．Curry クラスの setRyou メソッドへの改良が，KodomoCurry クラスでも引き継がれていることを確かめてください．

## 3.16 擬似変数

Ruby には，代入ができない参照専用の特殊な変数があります．これを「擬似変数」といいます．Ruby で定義されている擬似変数を表 3.3 に示します．`__FILE__` のようにシステムの状況を保持しているものもあれば，`true` や `false` といったものもここに分類されています．Ruby 2.0 以降では `__dir__` で実行中のソースがあるディレクトリを取得できますが，これは擬似変数ではなく Kernel モジュールのメソッドの 1 つです（見かけ上は擬似変数そのものですが）．

表3.3　Ruby の擬似変数

| 擬似変数 | 意味 |
|---|---|
| `self` | 自分自身を表す．Java における this． |
| `true` | TrueClass の唯一のインスタンス |
| `false` | FalseClass の唯一のインスタンス |
| `__nil__` | NilClass の唯一のインスタンス |
| `__FILE__` | 現在実行中のソースのファイル名 |
| `__LINE__` | 現在実行中の行番号 |
| `__ENCODING__` | 現在実行中のソースが記述されている文字コード |

………… トレーニング …………　　　　　　　　　　　　　　　基本事項のチェック！

1. 表 3.3 の下の 3 つの擬似変数を表示させるプログラム *giji.rb* を作成してください．

## 3.17 カレンダーの作成

ここまでに学習した Ruby の文法を使って，コマンドラインで動作する簡単なカレンダー *calendar.rb* を作成してみましょう．完成品は次のようなものです．ここで作成したカレンダーを，第 4 章以降で Web アプリケーションとして仕立てていきます．

```
西暦 2042 年 12 月
 日  月  火  水  木  金  土
     1   2   3   4   5   6
 7   8   9  10  11  12  13
14  15  16  17  18  19  20
21  22  23  24  25  26  27
28  29  30  31
```

### 3.17.1　閏年を判定する

　まずは閏年の判定から作り始めましょう．3.6.1 項のトレーニングで作成した *LeapYear.rb* を流用して，isLeapYear() というメソッドに仕立てます．引数に西暦年を与え，閏年なら true，そうでない（平年）なら false を返すようにします．Ruby では，メソッドは使う前に定義されていなければならないので，プログラムとしては次のようになります．なお，年を変えて動作を調べるため，Time クラスは使いません．

▶ *calendar.rb*

```
1  # 西暦 y 年が閏年なら true，平年なら false を返す
2  def isLeapYear(y)
3    ...
4    return(...)
5  end
6
7  y = 2020 # 西暦年
8
9  if isLeapYear(y) == true
10    puts "西暦#{y} 年は閏年です．"
11  else
12    puts "西暦#{y} 年は平年です．"
13  end
```

2020 年は閏年で 2100 年は閏年ではありませんが，正しい結果を返せるでしょうか．

```
$ ruby calendar.rb
西暦 2020 年は閏年です．  ← 変数 y に 2020 を設定した場合
$ ruby calendar.rb
西暦 2100 年は平年です．  ← 変数 y に 2100 を設定した場合
```

### 3.17.2　西暦 y 年 m 月が何日まであるかを調べる

　次に，西暦 y 年 m 月が何日まであるかを調べるメソッドを作ります．名前は getLastDay() としましょう．もちろん，getLastDay() の中から isLeapYear() を呼び出して，その年が閏年かどうかを調べることになります．先ほどの isLeapYear() に続けて書いていきます．
　プログラムと実行結果は次のようになります．15 行目と 16 行目を書き換えて実験してみましょう．

```
1   # 西暦 y 年が閏年なら true，平年なら false を返す
2   def isLeapYear(y)
3     ...
4     return(...)
5   end
6
7
8   # 西暦 y 年 m 月が何日まであるかを返す
9   def getLastDay(y, m)
10    ...
11    return(...)
12  end
13
14
15  y = 2020    # 西暦年
16  m = 2       # 月
17
18  dd = getLastDay(y, m)
19
20  puts "西暦#{y}年#{m}月は#{dd}日まであります."
```

```
$ ruby calendar.rb
西暦 2020 年 2 月は 29 日まであります. ← 変数 y に 2020, m に 2 を設定した場合

$ ruby calendar.rb
西暦 2100 年 2 月は 28 日まであります. ← 変数 y に 2100, m に 2 を設定した場合
```

### 3.17.3 指定した日の曜日を調べる

あとは各月の初日が何曜日かさえわかれば，1 から順に月末まで日付と曜日を増やしていくだけ
です．西暦年 y，月 m，日 d で指定した日が何曜日かは，次の「ツェラーの公式 (Zeller's
congruence)」から求められます[†1]．

$$h = y + \left\lfloor \frac{y}{4} \right\rfloor - \left\lfloor \frac{y}{100} \right\rfloor + \left\lfloor \frac{y}{400} \right\rfloor + \left\lfloor \frac{13m + 8}{5} \right\rfloor + d \tag{3.2}$$

h を 7 で割った余りが 0 なら日曜日，1 なら月曜日，…，6 なら土曜日です．ただし，1 月の場
合は前年の 13 月，2 月の場合は前年の 14 月と読み替えるようにします[†2]．記号 ⌊…⌋ は見慣れな

---

[†1] 式 (3.2) はグレゴリオ暦に対応したものなので，1583 年以降の日付を計算することができます．
[†2] もともとは 3 月が年の始まりであり，年末（＝ 2 月）の月末に日数の調整をしていました．3 月から数えて 8 番目の月に
Oct，10 番目の月に Dec という月の名前がついているのには，こういう由来があります．

いものかもしれませんが，その中身を超えない最大の整数という意味で「床関数」といいます．
Ruby では x.floor のようにすると ⌊x⌋ の値が得られます†．これも zeller という名前でメソッ
ド化してしまいましょう．先ほどまでのプログラムにさらに追加していきます．22 行目と 23 行目
を書き換えて実験してみましょう．

▶ *calendar.rb*（*zeller()*を追加）

```ruby
1   # 西暦 y 年が閏年なら true，平年なら false を返す
2   def isLeapYear(y)
3     ...
4     return(...)
5   end
6
7
8   # 西暦 y 年 m 月が何日まであるかを返す
9   def getLastDay(y, m)
10    ...
11    return(...)
12  end
13
14
15  # y 年 m 月 d 日が何曜日であるかを 0 ～ 6 で返す
16  def zeller(y, m, d)
17    ...
18    return(...)
19  end
20
21
22  y = 2020
23  m = 3
24
25  w = zeller(y, m, 1)   # y 年 m 月 1 日の曜日（0＝日曜日）
26
27  puts "西暦 #{y} 年 #{m} 月 1 日は #{w} 曜日です．"
```

　実行すると次のようになります．この例では zeller() の戻り値がそのまま表示されて「0 曜日」
のようになっていますが，2020 年 3 月 1 日は日曜日で，2025 年 12 月 1 日は月曜日なので，正し
く計算されています．

---

† ⌊3.14⌋ = 3, ⌊−3.14⌋ = −4 です．天井関数「⌈…⌉」はその中身以上の最小の整数を表し，⌈3.14⌉ = 4, ⌈−3.14⌉ = −3 で
す．数直線でいえば，⌊x⌋ は x から左に向かって行ったときに最初に突き当たる整数のことです．⌈x⌉ は x から右に向かっ
て行ったときに最初に突き当たる整数のことです．

```
$ ruby calendar.rb
西暦 2020 年 3 月 1 日は 0 曜日です.   ← 変数 y に 2020，m に 1 を設定した場合

$ ruby calendar.rb
西暦 2025 年 12 月 1 日は 1 曜日です.   ← 変数 y に 2025，m に 12 を設定した場合
```

### 3.17.4　カレンダーとして表示する

　ここまでできたら，あとは表示するだけです．前項の *calendar.rb* の 22 行目以降を以下のように修正します．

▶*calendar.rb*（完成）

```ruby
 1  y = 2020
 2  m = 3
 3
 4  g = getLastDay(y, m)    # その月が何日まであるか
 5  w = zeller(y, m, 1)     # その月の 1 日は何曜日か
 6
 7  puts "西暦 #{y} 年 #{m} 月 "
 8  puts "Sun Mon Tue Wed Thu Fri Sat"
 9
10  # 1 日の前の曜日を飛ばす
11  c = 0
12  while c < w
13    print "    "         # 半角 4 文字分の空白
14    c = c + 1
15  end
16
17  # 続きから月末日まで書き出す
18  e = 1
19  while e <= g
20    print " %2d "%e   # 2 桁に揃えて変数 e を表示する
21    e = e + 1
22    c = c + 1
23    if (c % 7 == 0)   # 7 日ごとに改行を入れる
24      print "\n"
25    end
26  end
27
28  print "\n"           # 月末日の後にも改行しておく
```

ところどころで画面表示に使っている print は puts と同様に画面表示に使う命令ですが，改行をしない点が異なります．

**10 ～ 15 行目**　カレンダーの最初の行は，その月の 1 日が始まるまでは普通は空白になっています．カウンタとして変数 c を用意し，その月の 1 日の曜日の手前まで，4 文字分の空白を出力していきます．8 行目で表示している曜日 1 つが，隣との余白も含めて 4 文字分あるからです．いまは週の始まりが日曜日のカレンダーで，たまたま zeller() の返す曜日も日曜日を 0 としているので，このようなことができます．もし月曜始まりのカレンダーにしたければ，少し工夫をしなければなりません．

　17 ～ 26 行目で，実際に日付を並べていきます．ポイントは，いま何曜日に注目しているかをみている変数 c は 10 ～ 15 行目で増加させた値を引き続き 17 行目以降でも使っていることです．c が 7 の倍数になるたびに改行をしていきます．

**18 行目**　日付を 1 から順にカウントするための変数 e を c とは別に用意し，1 に設定します．

**20 行目**　この書き方が特殊です．%2d の部分は，ダブルクォーテーションで囲まれているので，何らかの処理が行われてから画面表示されます（3.5 節参照）．この場合は %2d の部分に 2 桁の 10 進数として，後ろのほうに書いてある変数 e をあてはめるという意味になります．d は 10 進数を表す decimal の頭文字です．

　ここまでで，この章の冒頭のようなカレンダーが表示できました．うまくできたでしょうか？

---

······ トレーニング ······　　　　　　　　　　　　　　　**基本事項のチェック！**

1. *calendar.rb* には西暦年と月をプログラムに直接埋め込んでいますが，これをコマンドライン引数（3.12 節参照）から取得できるように改良してください．コマンドラインからの指定がなければ，今月のカレンダーを表示するようにしてください．
2. *calendar.rb* で西暦年と月に誤った値が指定されたときに，エラーを表示するようにしてください．

# chapter 4

# Web カレンダーを作ろう
## ― いちばん簡単な Web アプリ ―

- ☑ Sinatra を使える状態にする
- ☑ Sinatra で "Hello World" を Web ブラウザに表示する
- ☑ Web アプリの見た目と処理本体を分離する
- ☑ Ruby プログラムで処理した結果を Web ブラウザに表示する
- ☑ カレンダーを Web アプリとして仕立てる

　ここでは，前章で作成したカレンダーを Web アプリケーションに改良する作業を通して，Ruby で Web アプリを開発する基本的な流れについて説明します．Web アプリケーションを簡単に作るためのフレームワークとして Sinatra を使います．

　本書が目指す Web アプリケーションの最終形は，図 4.1（＝図 1.5）で示した構成ですが，本章での説明内容は図 4.1 の青色の部分に該当します．つまり，ホスト OS 上の Web ブラウザからのアクセスを，Ubuntu の 4567 番ポートで待ち構えている WEBrick で受け取って，Ruby のプログラムで何らかの処理を行い，結果を Web ブラウザに返す部分です．データベースとの連携はしないものの，Ruby で書かれた Web アプリケーションが処理を行って HTML を返すという基本的な流れはすべて含まれます．

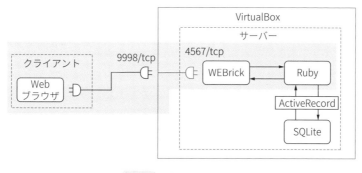

図 4.1　本章の守備範囲

## 4.1 Sinatra

Sinatra[6]は，Ruby を用いて Web アプリケーションを作るためのアプリケーションフレームワークの 1 つです．Blake Mizerany 氏によって開発され，2007 年に公開されました．シンプルな設計になっており，高速かつ柔軟に Web アプリケーションを開発することができます．また，プログラムを書いて実行するまでに覚えなければならないことが少なくてすむため，Web アプリケーションの入門用として適しています．

まず準備として，VirtualBox 側のポートフォワーディングの設定を行います．2.4.3 項を参考にして，図 4.2 のようにホスト OS (Windows) の 9998 番をゲスト OS (Ubuntu) の 4567 番に転送するように設定しておきます．この転送パターンの名前は適当で構いませんが，ここでは "sinatra" としました．

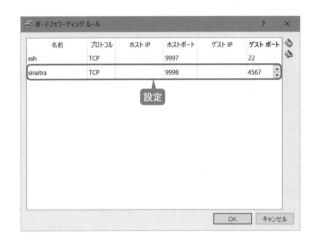

図 4.2　Sinatra 用にポートフォワーディングを設定

**Ruby on Rails**

代表的な Web アプリケーションフレームワークには，Sinatra のほかに Ruby on Rails（ルビー オン レイルズ）があります．レールに乗って (on rails)，という言葉のとおり，規約を守りながらコードを書けば，フレームワークが何でも面倒をみてくれるので，あとはレールの上を突っ走るだけという便利なものですが，ちょっとした Web アプリケーションを作るだけでも，関連ファイルが大量にインストールされるので，サイズが大きくなってしまう傾向があります．また，実用に耐えうる高機能なフレームワークであるため，規約が多く学習も大変です．GitHub やクックパッドといった有名なサイトで，Ruby on Rails が使用されています．

## 4.2 ライブラリのバージョンを管理する ― Bundler と Gemfile

アプリケーションを配布する場合の大きな悩みの1つは，アプリケーションで動作の前提としているライブラリのバージョンと，ユーザー環境に実際にインストールされているライブラリのバージョンが異なることです．とくに，最近のアプリケーションは多数の外部ライブラリに依存することが多いので，バージョン競合は深刻な問題です．これを解決するシンプルな方法は，自分自身に必要な特定バージョンのライブラリは自分自身で用意するというものです．つまり，プログラム本体と一緒に，必要なバージョンのライブラリまでも一緒に配布してインストールしてしまうという方法です．これならばバージョン競合の問題は生じません[†]．

Bundler は（ユーザー全体の共有場所ではなく）アプリケーションディレクトリに必要な gem パッケージを整えるソフトウェアであり，*Gemfile* が Bundler の設定ファイルです．たとえば，4.3 節で書き換える *Gemfile* には sinatra と webrick が指定されていますが，動作保証という意味ではこれらの gem のバージョンも決め打ち（1.2.3 でなければならない，1.3.0 以上でなければならない，など）したい場面が出てくるかもしれません．このようなバージョン指定も含め，*Gemfile* の中身については文献[5]が簡潔にまとまっています．

Bundler は apt のパッケージとしてではなく，Ruby 独自のパッケージ管理システム gem のパッケージの1つとして提供されています．次のように gem コマンドを使ってインストールします．

```
$ bundle config set path 'vendor/bundle'   ← bundle install したときのイ
                                              ンストール先を設定
$ gem update              ← 既存の gem をすべて最新版に更新
$ gem install bundler     ← bundler をインストール
$ rbenv rehash            ← インストールした bundler を使用可能な状態にする
```

最後の rehash により，gem によってインストールされたパッケージを適切な場所に再配置して使用可能な状態にする必要があります．

---

[†]　その反面，プログラムを配布する際の容量が大きくなってしまいますし，もし特定のライブラリにセキュリティホールが発見された場合は，プログラムの作者が新しいライブラリを含むバージョンを配布し直さなければなりません．

## 4.3　Webアプリで Hello World

### 4.3.1　ディレクトリとライブラリの用意

　いよいよ Web アプリケーションを作っていきます．まずは，Web ブラウザからアクセスがあったら，単純な文字列を表示するだけのアプリから始めましょう．Web アプリケーション開発ではファイルがいくつも作られますから，関連ファイルが散乱しないように適当な名前で作業用のディレクトリを作るところから始めます．これ以降，この作業用のディレクトリのことをアプリケーションディレクトリとよぶことにします．ここでは，ホームディレクトリ (~) の下に *HelloWorld* というディレクトリを作ることにしましょう．

```
$ mkdir ~/HelloWorld ← アプリケーションディレクトリを作る
```

　*HelloWorld* ディレクトリに移動し，Bundler を用いて，このアプリケーションで使う環境を初期化します．

```
$ cd ~/HelloWorld  ← HelloWorld ディレクトリに移動
$ ls               ← ファイル一覧を表示してみる（まだ何もない）
$ bundle init      ← デフォルトの Gemfile を生成する
Writing new Gemfile to /home/apato/HelloWorld/Gemfile
$ ls               ← ファイル一覧を表示する
Gemfile            ← Bundler が生成したファイルがある
```

　bundle init する前後でいくつかのファイルが自動的に追加されていることを ls で確認しておいてください．追加されたファイルの 1 つである *Gemfile* の中身をこの時点でのぞいてみると，次のようになっています．

▶ *Gemfile*（デフォルト）

```
1  # frozen_string_literal: true
2
3  source "https://rubygems.org"
4
5  git_source(:github) {|repo_name| "https://github.com/#{repo_name}" }
6
7  # gem "rails"
```

Webアプリの動作にはいくつものライブラリを使うことが普通ですが，ライブラリのインストールを自動で行うためのレシピにあたるものが*Gemfile*です．7行目でraïlsというライブラリ (gem) を読み込む設定の例が書かれていますが，コメントになっています．本書では sinatra と webrick というライブラリを使うので，*Gemfile*を次のように書き換えます．

▶*Gemfile*（書き換え後）

```
1  # frozen_string_literal: true
2
3  source "https://rubygems.org"
4
5  git_source(:github) {|repo_name| "https://github.com/#{repo_name}" }
6
7  gem "sinatra"   # ここを書き換える
8  gem "webrick"   # こちらも追加
```

次に，*Gemfile*に書かれているライブラリを*HelloWorld*ディレクトリ配下にインストールします．*Gemfile*の置かれているディレクトリで，次のように入力します．

```
$ bundle install   ← Gemfile の内容に従って gem をインストール
  :
Bundle complete! 2 Gemfile dependency, 8 gems now installed. ← インストールできた
Bundled gems are installed into `./vendor/bundle`
```

これで Sinatra が使える状態になりました．ここでは*Gemfile*には sinatra と webrick のみが書かれていますが，動作に必要なその他の gem も，自動的に*HelloWorld*ディレクトリの下にインストールされます．実際にインストールされたライブラリは*Gemfile*と同じディレクトリの*Gemfile.lock*に記述されています．次のようにして cat コマンドで中身を表示させると確認することができます．

```
$ cat Gemfile.lock ← Gemfile.lock を画面に表示する
```

### 4.3.2　Hello World の表示

ここまでで Sinatra を使う準備ができたので，Web アプリケーション本体を書いていきます．次の内容のファイルを作成し，*hello.rb*というファイル名で保存してください．

▶ *hello.rb*

```
1  require 'sinatra'
2
3  set :environment, :production
4
5  get '/' do
6    "Hello, A Whole New World."
7  end
```

1 行目で先ほどインストールした sinatra を読み込んでいます．これだけで，Ruby プログラムでの Web アプリケーションとしての準備はすっかり整ってしまいます．3 行目の set は，いまは本書の環境で Sinatra を動かすために必要なおまじないとだけ考えておけばよいでしょう[†]．

5 行目から 7 行目は，'/' という URL にアクセスが来たときの処理を書いているブロックです．ここでは単に，6 行目のような文字列を Web ブラウザに返しているだけです．

---

**environment の設定**

*hello.rb* の 3 行目は Sinatra で作成した Web アプリを動かす環境 (environment) を設定するものです．:test, :development, :production があり，なにも指定しないと :development が選ばれたことになります．development では開発に便利な（しかし，本番運用時にはむしろそれでは困る）いくつかの機能が有効になります．参考文献 [6] の「環境設定 (Environments)」セクションを参照してください．今回は VirtualBox を使っており，ホスト OS からのアクセスが外部アクセスとみなされるため，production という本番運用設定にする必要があります．

---

次のようにして *hello.rb* を起動すると，Ruby 上で Web サーバーの機能を提供するライブラリである WEBrick（ウェブリック）が起動し，4567 番ポートで接続を待機する状態となります．WEBrick を止めるためには Ctrl + C キーを押します．

```
$ bundle exec ruby hello.rb
```

実行方法がいつもと異なる点は説明が必要でしょう．bundle exec とつけることと，WEBrick の起動は無関係であり，いつもどおりに bundle exec とつけないで実行しても WEBrick は起動

---

[†] Sinatra 1.4.0 (2013-03-15) から，development モードでは localhost 以外からの接続を禁止するようになりました．これは，文献 [7] の 1.4.0 での変更点に "Default to only serving localhost in development mode. (Postmodern)" という 1 行があることから読み取れます．VirtualBox 上の Ubuntu に対してホスト OS の Web ブラウザからアクセスすると，Ubuntu にとっては外部からのアクセスとみなされるので，:environment に :development 以外 (:production か :test) を設定しないと，今回は動作テストができません．

できます（試してみてください）．4.2 節で説明したように，アプリケーションごとに必要としているライブラリやそのバージョンが異なるため，Bundler を使ってアプリケーション自身のディレクトリ配下に必要なライブラリをすべて置いておいたのでした．これでライブラリの有無やバージョンによる挙動の違いなどをすべて吸収してしまうことができます．*hello.rb* を実行する際に，いつもどおりに

```
$ ruby hello.rb
```

のようにしてしまうと，内部で require しているパッケージや実行しようとしているコマンドとして，~/.rbenv 以下にインストールしたものが使用されます．gem コマンドでインストールしたパッケージは ~/.rbenv 以下に置かれて Bundler を使わない場合にデフォルトとして使われますが，いまは Bundler を使ってアプリケーション配下のディレクトリに特定のバージョンのパッケージをもってきて使おうとしているため，~/.rbenv 以下にインストールされた，バージョンが違うかもしれないパッケージを問答無用で使われては都合が悪いのです．そこで，

```
$ bundle exec ruby hello.rb
```

のようにして，アプリケーション配下のディレクトリに存在する gem パッケージを使うように指示するのです．

　それはともかく，ホスト OS の Web ブラウザから次の URL にアクセスし，図 4.3 のように表示されれば，ひとまず動作確認は OK です．

```
http://127.0.0.1:9998/
```

127.0.0.1 は自分の PC それ自身をさす IP アドレスで，:9998 は 9998 番ポートを指しています[†]．ホスト OS 自身の 9998 番ポートにアクセスすると，4.1 節で設定したように，VirtualBox が Ubuntu の 4567 番ポートに橋渡しをしてくれるため，Ubuntu の 4567 番ポートで待ち受けている WEBrick が窓口となって，Ruby のプログラムが返事をするというわけです．

　*hello.rb* の 5 行目の '/' は，URL でよく見かける

```
https://www.morikita.co.jp/
```

などの最後の / に対応しています．*hello.rb* の 5 行目の '/' が URL のパス部分に対応していることを確かめるため，5 行目を

---

† ":9998" の部分を省略すると，HTTP では 80 番ポートが使われます．

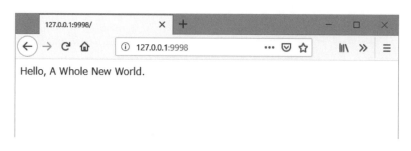

図 4.3　Sinatra で Hello, World

```
get '/aaa' do
```

に変更し，ホスト OS 側から

```
http://127.0.0.1:9998/aaa
```

でアクセスできることを確かめてください．

---

**ホームディレクトリ**

　ホームディレクトリとは，文字どおりユーザーの「家」となるディレクトリです．ログイン直後はこのディレクトリから操作が始まります．Linux では /home/apato のように /home の下にユーザー名で作られたディレクトリがホームディレクトリとして使われます．どのディレクトリで作業をしていても，**cd** と入力すれば一瞬でホームディレクトリに戻ってくることができます．また，ホームディレクトリはよく使うので，いちいち /home/apato のように書かなくても ~ という記号で省略できます．たとえば，ユーザー apato は，自身のホームディレクトリの下にある Egg というディレクトリを /home/apato/Egg と書く代わりに ~/Egg と書けます．

---

## 4.4　処理本体と見た目を分離する

### 4.4.1　計算と処理を分離すればプログラムがスマートになる

　4.3 節では，Web ブラウザからのアクセスを Ruby のプログラムが受け付けて返事をするという，ごくシンプルな例を試しました．このプログラムでは，処理をする部分と画面に表示する部分が一

ダメージや経験値の計算はどの機種でも同じ

図 4.4　冒険ゲームの戦闘シーン

体になっていたといえます.

　一方，実際のアプリケーションでは，処理の本体と見た目を分けた構成にする手法がよく採られます. たとえば，図 4.4 はよくある冒険ゲームの戦闘シーンを模したものです. 持っている武器や使う魔法によって敵に与えるダメージは異なりますし，ゲーム機やスマートフォンはそれぞれ画面のサイズなども異なります. いろいろな機種で同じゲームを動かしたいとき，どのように作ればスマートでしょうか.

　図 4.4 で，ドラゴンの絵を画面に表示したり雷のようなアニメーションを表示するときには，機種ごとに画面サイズなどが異なりますから，この部分はどうしても作り直す必要があります. 一方で，主人公「よしのり」が「ドラゴン」に「サンダー」という魔法を唱えたときにどれくらいのダメージを与えられるかは，計算処理のみで決まります. また，経験値を 456 だけもらったときにレベルアップするかどうかの判断も，計算処理だけになるでしょう. 計算処理の部分は，1 つだけ作っておけば，ゲーム機やスマートフォンなどで使い回すことができます. 計算処理と画面表示がプログラムの中できれいに分離されていれば，ゲーム機用の冒険ゲームをスマートフォンに移植する際に，画面表示部分だけをスマートフォン用に作り直せば済みます. 計算と表示がスパゲッティのように絡み合ったプログラムだとなかなかこうはいかないので，計算処理と画面表示をそもそもファイルの単位で完全に分けて，管理を簡単にします.

### 4.4.2　HelloWorld の改良

　処理の本体と見た目を分離するという考え方に立って，前節で作った *hello.rb* にもう少し手を加

えていきます．まず，*HelloWorld* ディレクトリの中に（すなわち *hello.rb* と同じ階層に）*views* ディレクトリを作ります．

```
$ mkdir views ← views ディレクトリを作る
```

次に，*views* ディレクトリの中に，*layout.erb* と *index.erb* という 2 つのファイルを作ります．*views* というディレクトリ名と *layout.erb* というファイル名は，Sinatra のルールとして固定であり，常にこの名前が使われます．

erb とは，Embedded Ruby の略で，HTML のデータ本体に表 4.1 のような形式で直接 Ruby のプログラムを埋め込んで実行する技術のことです．

表 4.1　erb の記法

| 記法 | 意味 |
|---|---|
| <%= code %> | code 部分を実行して結果を埋め込む． |
| <% code %> | code 部分を実行する．結果は埋め込まない． |
| <%# comment %> | コメント |

簡単な例をみてみましょう．*layout.erb* と *index.erb* の内容を，それぞれ次のとおりとします．

▶ ./views/layout.erb

```
1  <html>
2
3  <head>
4  <title>A famous song</title>
5  </head>
6
7  <body>
8  <h1>A famous song</h1>
9  <%= yield %>
10 </body>
11
12 </html>
```

▶ ./views/index.erb

```
1  Twinkle, twinkle, little star,<br>
2  How I wonder what you are.
```

*layout.erb* の 3 ～ 5 行目はヘッダ部分で，ここには画面表示はされないもののページ全体に影響する設定，すなわちページのタイトルが書かれています．7 ～ 10 行目は文書の本体（Web ブラ

ウザの画面に表示される部分）です．8行目で見出しを大きな文字で表示しており，9行目については後述します．

*index.erb* には，表示したい文章本体しかありません．

このままでは *hello.rb* と無関係なファイルが2つできただけなので，これらを結びつけるため，*hello.rb* を次のように書き換えます．

▶ *hello.rb*

```ruby
1  require 'sinatra'
2
3  set :environment, :production
4
5  get '/' do
6    erb :index
7  end
```

6行目がポイントです．erb という命令の後に続けて :index と書くと，*views* ディレクトリの *index.erb* というファイルが表示されます．これで実行してみましょう．

```
$ bundle exec ruby hello.rb
```

ホスト OS の web ブラウザからアクセスして，図 4.5 のようになったでしょうか．

*hello.rb* が起動すると，Ruby は Web サーバー (WEBrick) を起動して，待ち受け状態になります．'/' へのアクセスが来ると，そのアクセスを受けた先の *hello.rb* の6行目には erb という命令がありますから，まず下敷きとして Sinatra は *layout.erb* の内容を用意します．erb という命令があると，どのページであっても *layout.erb* が下敷きとして使われるので，このファイルを変更すれば，す

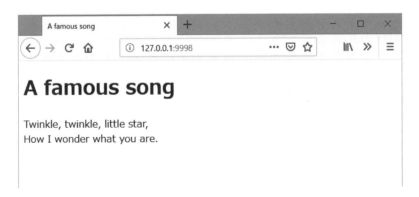

図 4.5　処理本体と見た目を分離

べてのページで見た目が変わります．デザインの統一性をもたせる場合などに有効活用できます．
そのうえで，*hello.rb* の 6 行目では `:index` と書かれているので，*index.erb* の内容を読み込んで，
*layout.erb* の

```
<%= yield %>
```

というところに *index.erb* の内容を埋め込んでから Web ブラウザに返します．yield というのは，
英語で産出するとか収穫するといった意味です．試しに Web ブラウザ上でソースを表示させてみ
ると[†]次のようになっており，*layout.erb* に *index.erb* が埋め込まれていることが判ります．これ
を WEBrick から受け取った Web ブラウザが上から解読して文字を並べていくと，図 4.5 になると
いうわけです．

```
1   <html>
2
3   <head>
4   <title>A famous song</title>
5   </head>
6
7   <body>
8   <h1>A famous song</h1>
9   Twinkle, twinkle, little star,<br>
10  How I wonder what you are.
11  </body>
12
13  </html>
```

　ここでは *index.erb* には文字列そのものしか書かれていないので，単に回りくどいことをしてい
るだけのようにみえますが，これ以降でやるように，*hello.rb* のような本体からの実行結果を受け
取って HTML ソースの一部として埋め込み，最終的な HTML ソースを yield として *layout.erb* に
はめ込むというようなことができます．

## 4.5　hello.rb で処理した結果を埋め込む

　*hello.rb* で処理した内容を画面表示させてみましょう．*hello.rb* で適当な変数に値を代入し
ておきます．*index.erb* 側で `<%=` と `%>` で囲んだ部分は Ruby のコードがそのまま実行されるの
で，変数名だけをポンと書いておけば，その変数の内容が画面出力に反映されることになります．

---

　†　Mozilla Firefox であれば，Web ページ上で右クリックして［ページのソースを表示］を選んでください．

*./views/index.erb* と *hello.rb* をそれぞれ次のように書き換えてください.

```
1  Twinkle, twinkle, little star,<br>
2  How I wonder <%= @msg %>.
```

▶ *hello.rb*

```
1  require 'sinatra'
2
3  set :environment, :production
4
5  get '/' do
6    @msg = "what you are".upcase
7    erb :index
8  end
```

*hello.rb* の 6 行目の upcase は,文字列をすべて大文字に変換するメソッドです.これで実行してみます.ホスト OS の Web ブラウザからアクセスして,図 4.6 のようになったでしょうか.

```
$ bundle exec ruby hello.rb
```

*hello.rb* で処理を行い,結果を *index.erb* で表示する(さらに,見た目全体は *layout.erb* が決める)というように,プログラムの中の処理と見た目を分離して書いてあるのがミソです.

図 4.6　処理結果をビューに取り込む

## 4.6　静的なコンテンツの置き場

　次に，アプリケーションで画像のようなコンテンツを扱うことを考えてみましょう．画像ファイルのように，一度作ったらあとは Web アプリケーション上で読み込んで使うだけのものを，静的なコンテンツといいます．これに対して，図 4.6 で画面表示に使っている HTML 部分はプログラムで毎回作り直しているので，動的なコンテンツといいます．画像ファイルなど静的なコンテンツは，アプリケーションディレクトリ直下の *public* というディレクトリに入れておくと，ここがURL 上のルートディレクトリに対応してそのままアクセスできるようになります．

　たとえば，dinosaur というアプリケーションディレクトリがあり，各種ファイルが図 4.7 のように置かれていたとしましょう． *egg.jpg* のように直線で囲んだファイルは静的なコンテンツです．

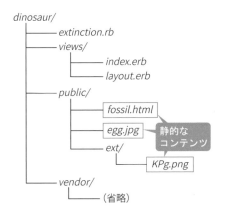

図 4.7　アプリケーションディレクトリ構造の例

　このとき，*fossil.html* や *egg.jpg* は

```
http://127.0.0.1:9998/fossil.html
http://127.0.0.1:9998/egg.jpg
```

のようにしてアクセスできます．また，*public* の下に作成したディレクトリ *ext* の中に置いた *KPg.png* は

```
http://127.0.0.1:9998/ext/KPg.png
```

としてアクセスできます．

erb ファイルの中で

```
<img src="/egg.jpg">
```

のようにすれば，図 4.8 のように画像を表示することができます．Ruby のプログラム的には，*public* ディレクトリの直下にある *egg.jpg* が HTML 上では最上位のディレクトリに置かれているように扱われていることがわかります．

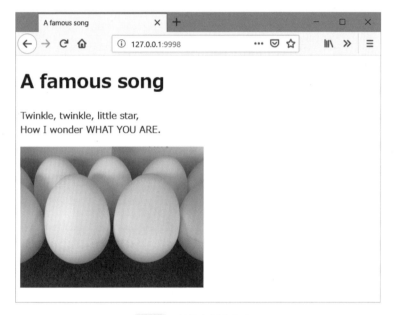

図 4.8　静的な画像を表示

# 4.7　カレンダー Web アプリ

次に，3.17 節で作成したカレンダーを Web アプリケーション化してみましょう．

### 4.7.1　準備

まず，Web アプリケーション用のディレクトリを作るところから始めます．4.3 節を参考にして，Bundler で sinatra と webrick をインストールしてください．

```
$ mkdir ~/webcal    ← アプリケーションディレクトリを作る
$ cd ~/webcal       ← 作成したディレクトリに移動
$ mkdir views       ← views ディレクトリを作る
$ bundle init       ← デフォルトの Gemfile を生成する
(Gemfile に sinatra と webrick を追加する)
$ bundle install    ← gem をインストールする
```

### 4.7.2 URL のパラメータを取得する

このカレンダー Web アプリでは，URL の一部として西暦年と月を渡すことにします．次の URL でアクセスされた場合，2009 年 5 月のカレンダーを表示します．

> http://127.0.0.1:9998/2009/5 （/2009/5/ のように末尾に "/" をつけない）

URL の一部として渡されるパラメータを変数に取得する部分から作り始めます．次の 2 つのファイルを作成してください．

▶ *webcal.rb*

```ruby
1  require 'sinatra'
2
3  set :environment, :production
4
5  get '/:y/:m' do
6    @year = params[:y]    # URL の /:y/:m の :y の部分を取得する
7    @month = params[:m]   # 同じく :m の部分を取得する
8
9    erb :moncal
10 end
```

▶ *./views/moncal.erb*

```erb
1  <%= @year %> 年 <%= @month %> 月
2  <p>
```

*webcal.rb* の 5 行目から 7 行目のように，Sinatra の get で指定する URL の一部分を :y のようにコロンで始まる名前にしておくと，params[:y] のようにしてプログラムから取得することができます．ここでは西暦年と月の 2 つをそれぞれ :y と :m で置き換えています．

では，*webcal.rb* を実行してみましょう．

```
$ bundle exec ruby webcal.rb
```

ホスト OS の Web ブラウザからから先述の URL へアクセスしたときに，Web ブラウザの画面に

　2009 年 5 月

のように表示されましたか？

### 4.7.3　パラメータを文字列から整数に変換する

　ここまでで，Ruby の変数を Web ブラウザに表示することができました．カレンダー Web アプリを作る準備として，*webcal.rb* に *calendar.rb* の中の必要そうな部分を切り貼りしておきましょう．4.7.2 項で URL の一部として西暦年と月を受け取っているので，これらを *calendar.rb* から移植してきたプログラムに渡してみて，その月のカレンダーが（Web ブラウザではなく）*webcal.rb* を起動した画面に表示されれば成功です．params[:y] のようにして取得した西暦年や月は文字列扱いですから，そのままでは閏年の計算などに使うことができません．*webcal.rb* の 6,7 行目の末尾に .to_i とつけることで，文字列が整数に変換されます．

```
@year = params[:y].to_i
@month = params[:m].to_i
```

### 4.7.4　カレンダーを表形式で表示する

　ここまでで，Ruby で計算した結果を Web ブラウザに表示することと，カレンダーで使う細々としたプログラムを準備できました．次に，カレンダーの内容を Web ブラウザに表示するようにします．

　カレンダーの行数がもっとも多くなるのは，日曜始まりのカレンダーの場合は，初日が金曜日で 31 日まである場合，または初日が土曜日で末日が 30 日か 31 日まである場合で，6 行になります（図 4.9）．同様に，行数がもっとも少なくなるのは初日が日曜日で末日が 28 日の場合で，この場合は 4 行に収まります．

　カレンダーの見た目を作り込んだ erb ファイルに表の枠組みも作っておいて，そこに日付を <%=...%> であてはめていくというやり方でもよいのですが，このように行数が変化する場合に

| 日 | 月 | 火 | 水 | 木 | 金 | 土 |
|---|---|---|---|---|---|---|
|  |  |  |  |  |  | 1 |
| 2 | 3 | 4 | 5 | 6 | 7 | 8 |
| 9 | 10 | 11 | 12 | 13 | 14 | 15 |
| 16 | 17 | 18 | 19 | 20 | 21 | 22 |
| 23 | 24 | 25 | 26 | 27 | 28 | 29 |
| 30 | 31 |  |  |  |  |  |

図 4.9　　もっとも行数が多い月のカレンダー

対応がしづらくなります．そこで，*webcal.rb* の中で表の部分の HTML データをすべて生成して，まるごと erb ファイルに渡すという方法をとることにします．

次の *webcal.rb* と *moncal.erb* を作成し，実行してみてください．図 4.10 のようなカレンダーが表示されたでしょうか．

▶ *webcal.rb*

```ruby
require 'sinatra'

set :environment, :production

get '/:y/:m' do
  @year = params[:y].to_i
  @month = params[:m].to_i

  @t = "<table border>"
  @t = @t + "<tr><th>Sun</th><th>Mon</th><th>Tue</th><th>Wed</th>"
  @t = @t + "<th>Thu</th><th>Fri</th><th>Sat</th></tr>"

  l = getLastDay(@year, @month)
  h = zeller(@year, @month, 1)

  d = 1
  6.times do |p|
    @t = @t + "<tr>"
    7.times do |q|
      if p == 0 && q < h
        @t = @t + "<td></td>"       # 1 行目の日曜日から 1 日までは空欄
      else
        if d <= l
          @t = @t + "<td>#{d}</td>"
          d += 1
        else
          @t = @t + "<td></td>"     # 月末日以降，土曜日までは空欄
        end
```

```
29        end
30      end
31      @t = @t + "</tr>"
32      if d > l
33        break
34      end
35    end
36
37    @t = @t + "</table>"
38
39    erb :moncal
40  end
41
42
43  def isLeapYear(y)
44    :
45  end
46
47
48  def getLastDay(y, m)
49    :
50  end
51
52
53  def zeller(y, m, d)
54    :
55  end
```

calendar.rb から 4.7.3 項で
切り貼りした部分

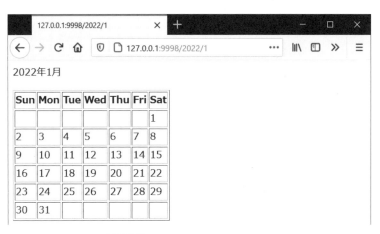

図 4.10　Web アプリ版カレンダー

```
1  <%= @year %> 年 <%= @month %> 月
2  <p>
3  <%= @t %>
```

*webcal.rb* について解説します.

**5 〜 7 行目**　これは, 4.7.2 項で説明した, URL の一部として与えられた西暦年と月を取得する部分です.

**9 〜 11 行目**　カレンダーを表として表示するときの表の HTML を作り込んでいます. 表は HTML の `<table>` タグを使って実現します. 表の 1 行は `<tr>` 〜 `</tr>` で表し, 1 行の中に押し込むセルの 1 つ 1 つを `<td>` 〜 `</td>` で表します. `<td>` 〜 `</td>` の代わりに `<th>` 〜 `</th>` を使うと, 表の見出しを作ることができます.

**17, 19 行目のループ**　カレンダーなので, 表は最大で 6 行です. 1 行ずつ作っていくとして, 17 〜 35 行目で 6 回ループさせます. このループの始まりと終わりで, `<tr>` と `</tr>` をつけ足しているのがわかると思います. また, 各行の列は 7 列固定で, このループで行う 7 回の処理が, 19 〜 30 行目です.

**20 〜 21 行目**　カレンダーの第 1 週は, 行の始まり (日曜日) から 1 日の前までは空欄にしなければなりません. 図 4.9 では, 第 1 週の日曜日から金曜日までが空欄になっています. 月の初日が何曜日かは 14 行目で h に計算しているので, これを使って初日までの間は日付を埋め込まないセルにします.

**24 〜 25 行目**　変数 d に日付が入っているので, これをセルに埋め込んでいきます.

**27 行目**　月始め前と同様に, 図 4.9 の最終週のように, 月の末日から行の終わり (土曜日) までは空欄にします. 月の末日が何日かは 13 行目で l に計算しています.

**32 〜 34 行目**　カレンダーが 6 行よりも少ない行数で終わる場合に, 空欄だけの行を作らないようにするための処理です. 1 行が終わった時点で最終日を過ぎていたら, 6 回のループを次へ進めずに break で抜けます.

**39 行目**　ここまでの処理で, 変数 @t にはカレンダーを表として表示するための HTML が入っています. この行でこれを *moncal.erb* に渡し, その 3 行目で年月表示の下にまるごと埋め込んでいます.

### 4.7.5　見た目と機能を調整する

ここまでで基本的なカレンダーが実現できました. 次は, もっと Web アプリとしての完成度を磨いてみましょう.

## 日付の見た目を改善する

　本物のカレンダーらしくなるように，見た目に手を加えてみましょう．まず，日付の数値を右寄せ表示にします．*webcal.rb* の 24 行目の `<td>` タグにオプションをつけて

```
@t = @t + "<td align=\"right\">#{d}</td>"
```

のようにすると，セルの中で右寄せになります．この例では，`"<td ...</td>"` 全体の引用符の中にさらに `right` を囲むための引用符を入れるため，内側で使う引用符の前にバックスラッシュをつけています．

　次に，土曜日を青色に，日曜日を赤色に着色してみましょう．着色したい文字（この場合は `#{d}` という部分）を次のようにして `<font>` タグで囲みます．

```
<font color="red">#{d}</font>
```

色は red や blue のように英単語で指定してもよいですし，色の番号を #ff0000 のように直接指定しても構いません[†]．

## URL を転送する

　使い方を知らないユーザーが，西暦年や月を指定せずに以下の URL でアクセスしてきたときに，現在はエラーになってしまいます．

```
http://127.0.0.1:9998/
```

　こんなときは，自動的に今月のカレンダーに転送するようにすると親切です．
　redirect メソッドを使えば，Web ブラウザを別の URL に転送できます．

```
1  get '/' do
2    redirect 'http ://127.0.0.1:9998/2021/12'
3  end
```

　3.13 節で紹介した Time クラスを使えば，今日の日付を取得することができます．上記のリダイレクト先 URL を今月の西暦年と月に変更してみましょう．

---

[†] コンピュータ上の色は基本的に RGB カラーモデルで指定します．光の三原色である Red, Green, Blue の強さをそれぞれ 0 〜 255 で表して，混ぜる度合いを # に続けて 16 進法で書きます．この方法のもとでは，#ff0000 は赤，#0000ff は青を表します．赤 96（16 進法で 60），緑 251（同 fb），青 163（同 a3）という色は #60fba3 となります．

```
1  get '/' do
2    today = Time.now
3    y = today.year
4    m = today.month
5    redirect "http://127.0.0.1:9998/#{y}/#{m}"
6  end
```

### 便利なリンクを追加する

　現在表示中のカレンダーからみて，前の月と次の月のカレンダーが1クリックで表示できるように，これらのURLを埋め込んだリンクを追加しましょう．別の月に移動したときに，今月に戻るリンクもあるとよいですね．

　現在表示中のカレンダーの西暦年が変数 y に，月が変数 m に入っているとします．*webcal.rb* の中で次のようにして，前の月の西暦年 @y1 と月 @m1 を計算します．変数名に @ をつけてインスタンス変数（→ 3.9 節）としているのは，すぐ後で erb ファイルに値を埋め込みたいからです．

```
1  @y1 = y
2  @m1 = m - 1
3  if @m1 == 0
4    @m1 = 12
5    @y1 = @y1 - 1
6  end
```

　*./views/moncal.erb* に次の行を追加して，@y1 と @m1 を受け取って，前の月へのリンクに埋め込みます．書き方が少々複雑ですが，<%= と %> で囲んだ間に @y1 などの変数をあてはめていることがわかると思います．

```
1  <a href="/<%= @y1 %>/<%= @m1 %>"> 先月 </a>
```

次の月へのリンクも同様にして作ることができます．

　今月へのリンクは，前述のリダイレクト機能をそのまま使えば簡単です．*./views/moncal.erb* に次のように書いておけば，今月へのリンクになります．

```
1  <a href="/"> 今月 </a>
```

　ここまでの機能を実装すると，図 4.11 のようになります．シンプルですが必要な機能を揃えたカレンダーを，Web アプリとして仕立てることができました．

図 4.11　Web アプリ版カレンダー（完成版）

······ トレーニング ·······

1. 本文で述べた前の月と次の月へのリンク作成を参考にして，前年と翌年へ直接ジャンプできる
   ようにリンクを作成してください．
2. 今日の日付の表示を変更して，より目立つようにしてください．
3. URL のエラーチェックを厳密に行うようにしてください．たとえば，`http://127.0.0.1:`
   `9998/-1234/99` のようなありえない指定があったときに，エラーを表示するか強制的に今月
   のカレンダーに修正するようにしてください．

# 5 シンプルな掲示板 Web アプリを作ろう

## ― データベースと連携する ―

目標

☑ SQLite をインストールする

☑ Ruby プログラムからデータベースを操作する手順を確認する

☑ データベースの内容を Web ブラウザへ表示する

☑ Web ブラウザ上からデータベースの内容を変更する

　既存のファイルを時と場合に応じて返す，あるいはその場で受け取ったデータをその場で処理して返す，という Web アプリケーション（図 5.1（a））もよいのですが，データをサーバー側で保持しておいて，それをプログラムで処理して返すことができるようになると，できることの幅が格段に広がります．たとえば，自分のつぶやきやメモを保存しておいて，いつでも確認や編集ができるような Web アプリケーション（図（b））を作ることもできます．また，毎日のように使っている Google などの Web 検索サービスは，サーバー側のデータベースに保持している膨大なデータを，ユーザーの要求に応じてみやすいようにフィルタリングして表示する Web アプリケーションであるとも考えられます．ここでは，シンプルな掲示板 Web アプリの開発を通じて，データベースと連携した Web アプリケーションを開発する流れについて説明します．

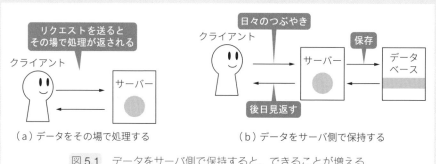

図 5.1　データをサーバ側で保持すると，できることが増える

## 5.1 まずはデータベースを作ろう

本章の前半では，図 5.2 の青色の部分を説明します．すなわち，ひとまず Web アプリケーションのことからは離れて，Ruby プログラムからデータベースを操作する基本的な手順について確認していきます．

まず，5.2 節で SQLite というデータベースサーバーをインストールし，5.3 節でデータベースのテーブルを作ります．5.4 節と 5.5 節で Ruby プログラムからデータベースにアクセスするための準備を行います．5.6 節では，実際に Ruby プログラムから SQLite で作成したデータベースにアクセスします．両者を橋渡ししてくれるのが，図 5.2 の ActiveRecord になります．

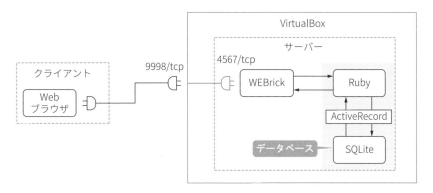

図 5.2　本章前半の守備範囲

## 5.2 軽量なデータベースサーバー SQLite を利用する

本格的な Web サービスでは，Web サーバーが結果を返すだけでなく，背後に控えたデータベースとの連携が欠かせません．本書では，掲示板のデータを保存するために SQLite とよばれる軽量なデータベースサーバーを用います．

SQLite はリレーショナルデータベースサーバーの 1 つです．同種のソフトウェアとしては MySQL や PostgreSQL などがあります．MySQL は，それを利用するプログラムとは別のプログラムとして裏で動作するサーバーであり，SQL のクエリが渡されるとそれに応じた返答を返すという形になっています．したがって，MySQL を利用するプログラムと MySQL の間に通信が発生することになり，速度低下の要因となります．また，MySQL が管理するデータベースには複数のユーザーが手出しをすることになるので，ユーザー管理が煩雑になり，セキュリティ面でも不安が残り

ます．図 5.3 は MySQL の動作の模式図です．図中の破線の部分のやりとりで，それぞれ個別の
（MySQL 用の）ユーザー名とパスワードが必要になります．

　SQLite は，SQL のクエリが渡されるとそれに応じた返答を返すというところは MySQL と一緒
ですが，独立したサーバーとしては動作せず，SQLite を使うプログラムに直接結合した形で使う
ことができるという点が大きく異なります．大規模なシステムを作るには不向きですが，プログラ
ムに直接組み込まれて動作するため，非常に高速かつ安全です．また，SQLite は著作権を放棄し
たパブリックドメインのソフトウェアとして公開されていることも，大きなポイントです．商用ソフ
トであろうがなんであろうが，利用にあたっての制限がないのです．代表的なところでは，
macOS の検索システムである Spotlight が SQLite を使って実装されています．図 5.4 は SQLite の
動作の模式図です．アプリごとに SQLite が直接結合されるシンプルな構造で，データベースに対
するユーザー管理がありません．

　ゲスト OS としてインストールされている Ubuntu 上に SQLite をインストールします．apt コマ
ンドを使うだけで，簡単にインストールが完了します．

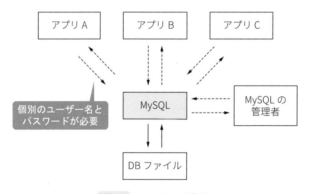

図 5.3　MySQL の動作

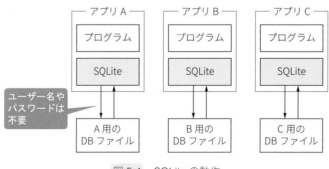

図 5.4　SQLite の動作

```
$ sudo apt install sqlite3 libsqlite3-dev
```

## 5.3 データベースのテーブルを作る

本章で作成する掲示板アプリの書き込みデータを格納するデータベースのファイルを作成していきます.

### 5.3.1 データベースの用語

データベースの用語をいくつか説明しておきます. 図5.5をみてください. 1つの表があります. 表全体のことを「テーブル (table)」とよびます. テーブルには1つ1つ固有の名前をつけます. データベース内にはテーブルをいくつも作ることができます. Microsoft Excelの「シート」に相当するものがテーブルで, Excelの「ブック」に相当するものがデータベース全体と考えればよいでしょう.

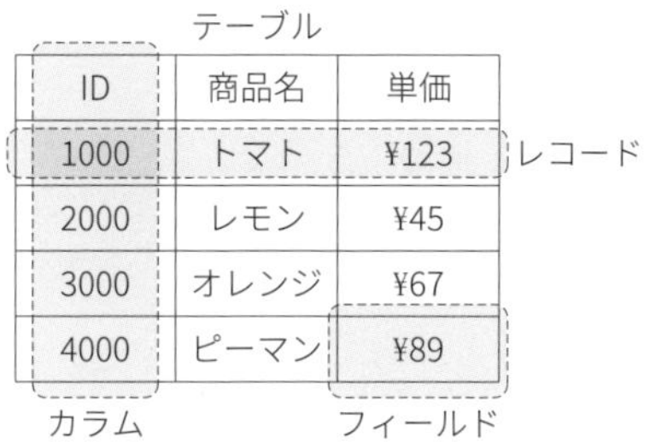

テーブル

| ID | 商品名 | 単価 |
|------|--------|------|
| 1000 | トマト | ¥123 |
| 2000 | レモン | ¥45 |
| 3000 | オレンジ | ¥67 |
| 4000 | ピーマン | ¥89 |

レコード

カラム　　　　　フィールド

図 5.5　データベースの用語

テーブルの中は, 行単位で情報の固まりが管理されていると考えてください. 図5.5でいえば,「ID = 1000, 商品名＝トマト, 単価＝¥123」といった1つの情報の固まりが1行ごとにあります. この1行のことを「レコード (record)」とよびます. 縦の列は情報の意味ごとに区切られています. テーブルの列のことを「カラム (column)」とよびます. Excelの「セル」に相当するものを「フィールド (field)」とよびます.

### 5.3.2 データベースファイルの作成

ここからは，掲示板用のデータベースファイルを作成していきます．まずは作業用のディレクトリを作りましょう．ここでは BBSapp という名前を使うとします．以下では，一般ユーザーに戻って作業を進めます．

```
$ mkdir ~/BBSapp  ← アプリケーションディレクトリを作る
$ cd ~/BBSapp     ← BBSapp ディレクトリに移動
```

データベースのテーブル名を bbsdata として，*bbs.db* というファイルに保存するとします．テーブルは以下のような設計とします[†]．

- id…通し番号．整数．主キー．
- name…書き込みをした人の名前．テキストで 30 文字以内．
- entry…書き込み内容．テキストで 150 文字以内．

*BBSapp* ディレクトリの中に次のようなテキストファイルを作成します．

▶ *dbinit.sq3*

```
1  create table bbsdata (
2    id integer primary key,
3    name varchar(30),
4    entry varchar(150)
5  );
6
7  insert into bbsdata values (1, 'Diplodocus', 'The first entry.');
8  insert into bbsdata values (2, 'Allosaurus', 'The second entry.');
```

1〜5 行目が上述のテーブルの設計です．テーブルの名前を bbsdata としています．7 行目と 8 行目は空のデータベースにダミーとなるデータを挿入する命令です．id, name, entry の順に 1 件分のデータが括弧の中に書かれています．

本来であれば，以下のようにして，引数に *bbs.db* と書いて sqlite3 コマンドを起動したうえで *dbinit.sq3* の内容を 1 行ずつキーボードから入力していくことで，目的のテーブルをもったデータベースファイルができあがります（最後に .quit と入力すると sqlite3 を終了します）．

---

[†] SQLite のデータ型には varchar 型は存在せず文字列の長さ設定も無視されますが，ほかのデータベースとの互換性確保のために varchar 型の指定も使えるようになっています．本書では，SQLite 固有の仕様よりは一般的なデータベースの書き方に合わせて，varchar 型を使うことにします（136 ページの脚注も参照）．

```
$ sqlite3 bbs.db ← bbs.db を開いて sqlite3 を起動（以下の作業は手入力）
```

　しかし，プログラムの開発中はデータベースを初期化して作り直すことが多々あるので，毎回手作業で入力するのは何かと手間がかかります．キーボードから入力する内容を *dbinit.sq3* のようなファイルに入れておいて，以下のように "<" という記号をコマンド行で使うと（リダイレクションといいます），キーボードから入力したのと同じ作業が正確かつ一瞬で終わります．

```
$ sqlite3 bbs.db < dbinit.sq3 ← bbs.db を開いて dbinit.sq3 のコマンドを実行
                                して終了
```

　これで指定どおりのテーブルをもった *bbs.db* が作られます．データベースを初期化したいときは，*bbs.db* を消して同じようにすればすぐに作り直すことができます．*bbs.db* にはテスト用に，*dbinit.sq3* の 7 行目と 8 行目でダミーの書き込みデータを 2 件登録してあります．登録内容を確認しましょう．sqlite3 コマンドを起動して select コマンドを入力することで，bbsdata というテーブルに登録されているすべての内容を表示させます．縦棒で区切られてダミーのデータが表示されるでしょうか．.quit と入力すると sqlite3 を終了します．

```
$ sqlite3 bbs.db
sqlite> select * from bbsdata; ← bbsdata テーブルの内容をすべて表示
1|Diplodocus|The first entry.
2|Allosaurus|The second entry.
sqlite> .quit                  ← sqlite3 を終了
```

## 5.4　アプリケーションディレクトリの初期化

　ここから Sinatra と SQLite を組み合わせて，サーバー上に置かれたデータベースと連携する掲示板アプリケーションを作っていくことにします．本章の最終目的は Web アプリケーションとして動作する掲示板ですが，いきなりそこから作り始めても，Web ブラウザに表示されている内容がおかしいときに，表示すべきデータは正しいが Web アプリケーションとして画面に表示する部分が悪いのか，それとも画面表示部分は正しいがデータそのものが間違っているのかがわからなくなります．いったん Web アプリケーションのことは忘れて，まずはコマンドラインの Ruby プログラムでデータベースにアクセスする方法を確立するところから始めます．ここで「データベース

からはきちんと読めている」と確信をもっていえるようにしておけば，Web ブラウザ上の表示が
おかしいときに修正すべき箇所を絞り込めます．

　まず，作業用のディレクトリ上で Bundler による初期化を行います．

```
$ cd ~/BBSapp  ← BBSapp ディレクトリに移動する
$ bundle init  ← デフォルトの Gemfile を生成する
Writing new Gemfile to /home/apato/BBSapp/Gemfile
```

　上記を実行すると自動的に *Gemfile* が作られます．Ruby プログラムからデータベースにアクセ
スするために，ここでは activerecord と sqlite3 というライブラリを使用します．*Gemfile* を次の
ように書き換えます（最初はコマンドラインからデータベースにアクセスする実験をするため，
sinatra と webrick はここではまだインストールしません）．

▶ *Gemfile*

```
1  # frozen_string_literal: true
2
3  source "https://rubygems.org"
4
5  git_source(:github) {|repo_name| "https://github.com/#{repo_name}" }
6
7  gem "activerecord"
8  gem "sqlite3"
```

　次のようにして，必要な gem をアプリケーションディレクトリにインストールします．これで
Ruby プログラムからデータベースにアクセスする準備ができました．

```
$ bundle install  ← Gemfile の内容に従って gem をインストール
    :
Bundle complete! 2 Gemfile dependencies, 10 gems now installed.
Bundled gems are installed into `./vendor/bundle`
```

## 5.5　YAML でデータベースと Ruby プログラムをつなぐ

　5.3 節で SQLite のデータベースファイル bbs.db を作りましたが，現状では Ruby とは関係のな
いデータベースファイルが 1 つできただけなので，両者を結びつける必要があります．Ruby では，
その結びつけの設定をプログラムの中に直接書かずに別のファイルとして書いておいて，Ruby プ

ログラムに読み込ませるという習慣があります．この設定ファイルはYAML<sup>ヤムル</sup>という言語で書きます．
YAML（YAML Ain't a Markup Language;「YAMLはマークアップ言語じゃないよ†」）は，XMLの
ように構造化されたデータを，XMLよりももう少し人間に読み書きしやすい形にしたものです．
人間にとって読み書きしやすいため，設定ファイルやデータの保存・交換に利用されます．

---

**XMLとYAML**

　同じ目的で使われる言語として，XMLがあります．XMLはタグを使ってデータの意味
づけと構造化を行いますが，YAMLでは半角スペースによるインデントでデータ構造を表
現します．XMLやHTMLなどのマークアップ言語では，意味の開始と終了のところにマー
クをつけて

```
<form> ... </form>
```

のようにしましたが，YAMLでは行の終わりが意味の終わりなので，いわゆる「閉じるタ
グ」は必要ありません．

---

5.3節で作成した **bbs.db** をRubyから扱うために，次の **database.yml** を作成してください．拡
張子は習慣的に .yml を使います．2行目と3行目の冒頭に半角スペースが2つ入っていますが，
これがデータとして意味をもっているので，間違えないよう注意して入力してください．

▶ *database.yml*

```
1  development:
2    adapter: sqlite3
3    database: bbs.db
```
→ 行頭に半角スペース2つ

adapterには使用するデータベースサーバーの種類，databaseにはデータベースのファイル名
を指定します．**database.yml** を読み込んだとき，Ruby内でどのようなオブジェクトとして扱われ
るか確認してみましょう．次の **printyml.rb** を使って確かめることができます．

▶ *printyml.rb*

```
1  require 'yaml'
2
3  d = YAML.load_file('database.yml')
4  puts d
```

---

† Ain'tはam/are/is notのくだけた言い回しです．では結局YAMLのYはなんなのかという話になりますが，「意味はない」
が正解です．UNIXの世界では，GNU=GNU is Not Unixのように，自分自身を再帰的に定義するようなハッカーたちの言
葉遊びがしばしば使われます．

実行すると，単純にキーと値のペアが括弧でくくられて階層化されていることがわかります．

```
$ bundle exec ruby printyml.rb
{"development"=>{"adapter"=>"sqlite3", "database"=>"bbs.db"}}
```

## 5.6 ActiveRecord でデータベースにアクセスする

　次に，Ruby プログラムから SQLite データベースにアクセスしてみます．両者の橋渡しを行う ActiveRecord は，Ruby における O/R マッピング (Object/RDB mapping) ライブラリの 1 つです．データベース上のレコードの各項目を Ruby のオブジェクトのメンバー変数として対応させ，オブジェクトを操作すると，内部的に SQL のコマンドを発行し，データベースを適切に操作して結果を返してくれるというありがたい存在です．ActiveRecord を使うことで，データベース上の情報を単なる Ruby オブジェクトの 1 つとして扱うことができるようになります．とても便利なものですが，とても重い（速度面・容量面ともに）という欠点もあります．

　ここでは *bbs.db* 内のテーブル名が bbsdata ですので，データベースと接続するために使うクラス名は，それにあわせて BBSdata とします．次の *dbtest.rb* を作成しましょう．

▶ *dbtest.rb*

```
 1  require 'active_record'
 2
 3  # 　データベースを使う設定
 4  ActiveRecord::Base.configurations = YAML.load_file('database.yml')
 5  ActiveRecord::Base.establish_connection :development
 6
 7  # 　bbsdata テーブルを BBSdata クラスとして扱えるようにする
 8  class BBSdata < ActiveRecord::Base
 9    self.table_name = 'bbsdata'
10  end
11
12  # 　ID が 1 のものを探して a に入れる
13  a = BBSdata.find(1)
14
15  # 　みつけたレコードの各フィールドの値を表示
16  puts "#{a.id}, #{a.name}, #{a.entry}"
```

**1 行目**　ActiveRecord を使うよう gem を読み込みます．

**3 ～ 5 行目**　*database.yml* の中の database で設定されたデータベースファイルに adapter で設定

されたアダプタを介して接続します.

**7 〜 10 行目**　bbsdata という名前のテーブルを BBSdata クラスとして Ruby から操作できるように,ActiveRecord の Base クラスを継承します.

**12 〜 13 行目**　find() メソッドを用いて,bbsdata というテーブルの中から id というフィールドが 1 のものを探して a に代入します.ここでは 5.3 節でデータベースファイルを作成したときにダミーデータを 2 つ登録していますから,そのうちの 1 つがみつかっているはずです.

**15 〜 16 行目**　最後に,みつかったレコードの各フィールド値を表示します.

　実行結果は次のようになります.確かに *bbs.db* の中から id が 1 のものを拾い出しています.5.3 節で登録したダミーデータと比較してみてください.

```
1, Diplodocus, The first entry.
```

## さまざまな操作

　1 つのデータベースファイルにいくつものテーブルが定義されている場合は,次の例のようにテーブルごとにクラスを 1 つ作ることになります.テーブル名が複数形（songs や albums）,クラス名が単数形（Song や Album）という規約を守る限りでは,*dbtest.rb* の 9 行目のようなテーブル名の設定を省略することができます.

```
1   ActiveRecord::Base.configurations = YAML.load_file('database.yml')
2   ActiveRecord::Base.establish_connection :development
3
4   class Song < ActiveRecord::Base       ◀─ テーブル名の設定の省略
5   end
6
7   class Album < ActiveRecord::Base
8   end
9
10  a = Song.find('12345')
11  puts a.id
12  puts a.name
13
14  b = Album.find('678')
15  puts b.id
16  puts b.name
```

　find() メソッドは,検索の対象とするフィールド名が id で固定されているところが特徴的です.id に存在しないものを指定すると,例外 (ActiveRecord::RecordNotFound) が発生します.例外については 6.4 節で説明します.

次のように 2 つ以上の id を指定すると，結果を格納した配列が返されます．

```
1  a = Student.find(1, 2)    # id フィールドが 1 あるいは 2 のものを探す
2  puts a[0].id               # みつかった 1 つ目のレコードは a[0]
3  puts a[0].name
4  puts a[1].id               # みつかった 2 つ目のレコードは a[1]
5  puts a[1].name
```

all メソッドで，すべてのレコードを格納した配列が返されます．*dbtest.rb* の末尾に以下のコードを追加すると，すべてのレコードが表示されます．

```
1  b = BBSdata.all
2  b.each do |c|
3    puts "#{c.id}, #{c.name}, #{c.entry}"
4  end
```

実行結果は次のようになります．すべてのレコードを変数 b に取得しており，先述のように b は配列になります．その 1 つ 1 つを each で取り出して表示するループになっています．確かに 5.3 節で登録したダミーデータがすべて表示されています．

```
1,  Diplodocus, The first entry.
2,  Allosaurus, The second entry.
```

## 5.7　Web ブラウザへの表示

コマンドライン上でのデータベースの読み取りは，単純なものながらできてきました．図 5.2 でいうと，Ruby – ActiveRecord – SQLite のつながりができたと言えます．次に，Ruby を接点として，データベースの内容が Web ブラウザに表示されるようにします．全体の構成では本章前半の守備範囲をさらに広げて，図 5.6 の青色の部分が該当します．

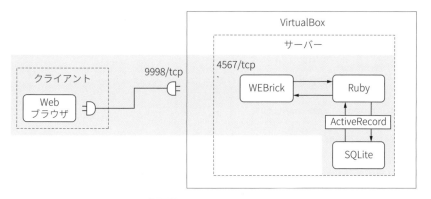

図 5.6 本章後半の守備範囲

### Gem の追加

では，順を追って解説していきましょう．先ほどまでの *Gemfile* に sinatra と webrick を追加します．

▶ *Gemfile*

```
1  # frozen_string_literal: true
2
3  source "https://rubygems.org"
4
5  git_source(:github) {|repo_name| "https://github.com/#{repo_name}" }
6
7  gem "activerecord"
8  gem "sqlite3"
9  gem "sinatra"
10 gem "webrick"
```

次のようにして改めて `bundle install` すると，必要なパッケージがインストールされます．

```
$ bundle install  ← Gemfile の内容に従って gem をインストール
    :
Bundle complete! 4 Gemfile dependencies, 17 gems now installed.
Bundled gems are installed into `./vendor/bundle`
```

続いて，*dbtest.rb* を以下のように書き換えます．

```
1   require 'sinatra'
2   require 'active_record'
3
4   set :environment, :production
5
6   ActiveRecord::Base.configurations = YAML.load_file('database.yml')
7   ActiveRecord::Base.establish_connection :development
8
9   class BBSdata < ActiveRecord::Base
10    self.table_name = 'bbsdata'
11  end
12
13
14  get '/' do
15    t = BBSdata.all
16
17    @h = ""
18    t.each do |a|
19      @h = @h + "<tr>"
20      @h = @h + "<td>#{a.id}</td>"
21      @h = @h + "<td>#{a.name}</td>"
22      @h = @h + "<td>#{a.entry}</td>"
23      @h = @h + "</tr>\n"
24    end
25
26    erb :index
27  end
```

1 行目で sinatra のパッケージを require するのと，4 行目で production 環境にセットするというおまじない（84 ページ）が増えているほかは，データベースの内容を表として表示するためのHTML を組み立てる命令が増えています．15 行目でデータベースの内容をすべて配列として t に取得し，そのすべての要素，すなわちデータベースの全データの 1 件 1 件に対して，HTML の<tr> 〜 </tr> からなる表の 1 行分にデータベースの 1 件分の情報を詰め込みます．この HTMLを変数 @h に溜め込み，*index.erb* に渡します．

### 表示用テンプレートの作成
表示用のテンプレートファイルを 2 つ作成します．表示用のテンプレートファイルは，*dbtest. rb* と同じディレクトリ内に *views* という名前のディレクトリを作って，そこに入れておかなければなりません．*views* ディレクトリがなければ mkdir コマンドで作りましょう．

```
$ mkdir views    ← views ディレクトリを作る
```

Web ページ全体のレイアウトを決める *layout.erb* は次のようにします．ここでは HTML の
`<head>` ～ `</head>` 部分でページタイトルを設定しているだけです．また，ページ本体を記述する
`<body>` ～ `</body>` 部分には後から erb ファイルの内容を埋め込みますから，7 行目のように yield
命令だけとなっています．

▶ *./views/layout.erb*

```
1   <html>
2   <head>
3   <title>BBS</title>
4   </head>
5
6   <body>
7   <%= yield %>
8   </body>
9   </html>
```

ページ本体である *index.erb* は次のようにします．

▶ *./views/index.erb*

```
1    <table border>
2
3    <tr>
4    <th>ID</th>
5    <th>Name</th>
6    <th>Entry</th>
7    </tr>
8
9    <%= @h %>
10
11   </table>
```

1 ～ 11 行目の `<table>` ～ `</table>` で表を 1 つ作っています．3 ～ 7 行目は表の見出しです．
図 5.7 では表の見出しは，センタリングされて太文字で表示されています．`<th>` タグは表の見出
しを意味する HTML タグですが，表の見出しであるという以上の意味はなく，`<th>` で囲まれた部
分をどのように画面に表示するかは Web ブラウザが決めます．9 行目で *dbtest.rb* から変数 @h を
受け取っています．@h には，データベースから取得したデータを HTML で表として組み立てたも
のが入っているので，それをそのまま埋め込みます．

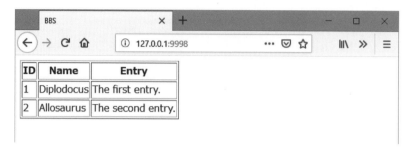

図 5.7　データベースの内容が Web ページに表示された

　HTML の table タグの使い方については，付録 A.2.2 項を参考にしてください．*dbtest.rb* を実行し，ホスト OS 上の Web ブラウザからアクセスすると図 5.7 のようになり，無事，データベースの内容が表示できています．

> **チャレンジ**　　　　　　　　　　　　　　　　　　　　　　　　　　**さらにレベルアップ！**
>
> **1.** 4.7 節で作成したカレンダー Web アプリを，データベースと連携するように改良してみましょう．具体的には，誕生日や祝日のデータを保持しておいて，カレンダー上で色を変えるなどしてみましょう．祝日が日曜日と重なった場合に月曜日が休日になるなどのルールも組み込んでみてください．

## 5.8　HTTP メソッドと Sinatra でのルーティング

　HTTP の GET メソッド（Web サーバーから指定されたパスに置かれているファイルを取得）が '/' というパス指定で来た場合に，それを受け取って処理をする部分が，コード上では

```
get '/' do
    ⋮
end
```

のように書かれていたわけですが，HTTP にはほかのメソッドもあります．代表的なものを挙げます．

- PUT … 指定したリソースを Web サーバーに保存する際に使われます．画像やファイルのアップロードなどに使われます．
- POST … フォームに入力したデータを Web サーバーに転送するときに使われます．
- DELETE … Web サーバー上のリソースを削除するときに使われます．

Sinatra でのルーティングは，以下のようにこれらに直接対応した書き方になっています．POST と DELETE はすぐ後で使います．

```
1  get '/path' do
2    :
3  end
4
5  put '/path' do
6    :
7  end
8
9  post '/path' do
10   :
11 end
12
13 delete '/path' do
14   :
15 end
```

カレンダーの西暦年と月を URL から取得したところですでに使っていますが，ルーティングのパターンには変数を用いることもできます．次の例では，/data/mosasaurus にアクセスが来たときや /data/ichthyosaurus にアクセスが来たときに実行され，params[:name] という変数に，mosasaurus や ichthyosaurus といった文字列が入ります．:name の name の部分には自分の好きな文字列を使うことができます．

```
1  get '/data/:name' do
2    "URL is #{params[:name]}."
3  end
```

これ以外にも，どういうアクセスが来たときにどのコードブロックで処理を行うか，という条件指定をかなり細かくすることができます．必要に応じて調べて使ってみてください．

## 5.9　データを追加できるようにする

### 5.9.1　入力フォームの追加

次に，データベースを Web ブラウザ上から操作してみます．まずは，既存のデータベースにレコードを 1 件追加してみましょう．図 5.7 の表の末尾に入力フォームを用意し，Go ボタンを押すと，

その内容を *bbs.db* に登録できるようにします。5.7 節の *layout.erb* はそのまま流用するとして，*index.erb* を以下のように追加してください。

▶ ./views/index.erb

```
1   <table border>
2
3   <tr>
4   <th>ID</th>
5   <th>Name</th>
6   <th>Entry</th>
7   </tr>
8
9   <%= @h %>
10
11  <form method="post" action="/new">
12  <tr>
13  <td><input type="text" name="id"></td>
14  <td><input type="text" name="name"></td>
15  <td><input type="text" name="entry"></td>
16  <td><input type="submit" value="Go"></td>
17  </tr>
18  </form>
19
20  </table>
```

9 行目は，データベースのすべてのレコードを表として 1 行ずつ表示するための HTML を *dbtest.rb* から受け取るという意味でした。その下で table タグを </table> で閉じる前に，11 〜 18 行目に <form>...</form> というかたまりが入っています。<form>...</form> 全体が 1 つの入力フォームです。入力フォームの中身は表の 1 行 (<tr>...</tr>) で，それぞれのセルに input タグが入っています。

13 行目の

```
<input type="text" name="id">
```

は，テキスト入力欄を設けて，入力フォーム上の他の部品と区別できるように id という名前をつけたという意味です。この名前は入力フォームの中での話なので，*bbs.db* のテーブルのフィールド名には関係がありません。

16 行目は，Go という表記のボタンを設置するという意味です。submit（送信する，申し込む）という意味からもわかるように，このボタンが押されると，入力フォームの内容が Web サーバー側に送信されます。送信方法は入力フォーム全体のオプションが決めており，それは 11 行目に書

かれています.

　11行目では, method として post が指定されており, さらにデータ送信先の URL(action) として "/new" が指定されているので, type="submit" のボタンが押されると, HTTP の POST メソッドで http://.../new が呼び出されます. テキスト入力欄である id, name, entry への入力内容は, params というハッシュ（連想配列）[†] に代入されて渡されるというルールになっています.

　ちなみに,

```
<input required type="text" name="entry">
```

のように, <input> に required プロパティを指定しておくと, submit のボタンがクリックされたときに入力されているかどうかのチェックが行われ, 未入力であれば図 5.8 のようにエラー表示が行われます. これは HTML5 から実装された機能ですので, 古い Web ブラウザでは機能しない点に注意が必要です.

図 5.8　input タグに required プロパティを設定して空欄のまま投稿しようとした場合

### 5.9.2　データの追加

　次に, *dbtest.rb* を書き換えていきます. これまでは, '/' というパスに GET メソッドが発行されたときの処理しか書かれていませんでしたが, 今度は *index.erb* の 11 行目で '/new' というパスへ POST メソッドが発行されるので, このときの処理を書き加えます.

▶ *dbtest.rb*

```
1  require 'sinatra'
2  require 'active_record'
3
4  set :environment, :production
5
6  ActiveRecord::Base.configurations = YAML.load_file('database.yml')
7  ActiveRecord::Base.establish_connection :development
8
```

---

　†　ハッシュは「連想配列」ともいい, 添字の代わりに適当なキーワードを使える配列変数のようなものだと思えばよいでしょう. 第 6 章で説明するような MD5 や SHA-2 などのハッシュ関数とは関係はありません.

```ruby
 9  class BBSdata < ActiveRecord::Base
10    self.table_name = 'bbsdata'
11  end
12
13
14  get '/' do
15    t = BBSdata.all
16
17    @h = ""
18    t.each do |a|
19      @h = @h + "<tr>"
20      @h = @h + "<td>#{a.id}</td>"
21      @h = @h + "<td>#{a.name}</td>"
22      @h = @h + "<td>#{a.entry}</td>"
23      @h = @h + "</tr>\n"
24    end
25
26    erb :index
27  end
28
29
30  post '/new' do
31    s = BBSdata.new
32    s.id = params[:id]
33    s.name = params[:name]
34    s.entry = params[:entry]
35    s.save
36    redirect '/'
37  end
```

これで実行してみましょう. ホスト OS の Web ブラウザからアクセスしてみると, 図 5.9 のように表の末尾に入力フォームが追加されています. また, 入力フォームに適当に入力して Go ボタンをクリックすると (図 5.10), データベースにデータが追加され, 自動的にページが再読み込みされます.

*dbtest.rb* の解説をします.

**30 行目** フォームの Go ボタンがクリックされると, *index.erb* の 11 行目の指定どおり, "/new" という URL へ HTTP の POST メソッドでアクセスします. それをこの行が受け付けます.

**31 行目** データベース上に空のレコードを (メモリ上に) 新規に 1 件作成します.

**32 ~ 34 行目** *index.erb* の 13 ~ 15 行目で, 3 つあるテキスト入力欄にはそれぞれ name="id" のように id, name, entry という名前がついています. *dbtest.rb* の 32 ~ 34 行目にある params[:id] のような記述は, [:XX] の部分が *index.erb* でつけた名前 XX と対応しており,

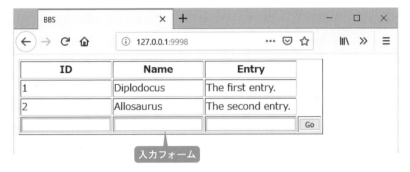

図 5.9　表の末尾に入力フォームが表示された

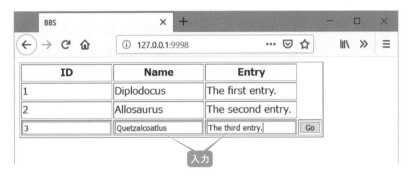

図 5.10　登録フォームから post する

　　フォームのそれぞれの入力欄に入力された内容を params[:XX] で受け取っています．これを 31 行目で作成した新規レコードの各フィールドに代入しています．

**35 行目**　フィールドがすべて埋まった 1 件分のデータが s にできているので，これを最後にデータベースに保存します．

**36 行目**　Web サーバーの '/' にリダイレクトしています．内部的にデータベースを更新しただけでは Web ページの表示内容は更新されないので，リダイレクトをして再読み込みを行わせることで，表示内容を更新しています．

## 5.10　データを削除できるようにする

　　次に，既存の書き込みを削除するボタンを作ります．*dbtest.rb* を次のように書き換えてください．24 〜 28 行目と 47 行目以降が追加されています．

```ruby
require 'sinatra'
require 'active_record'

set :environment,: production

ActiveRecord::Base.configurations = YAML.load_file('database.yml')
ActiveRecord::Base.establish_connection :development

class BBSdata < ActiveRecord::Base
  self.table_name = 'bbsdata'
end


get '/' do
  t = BBSdata.all

  @h = ""
  t.each do |a|
    @h = @h + "<tr>"
    @h = @h + "<td>#{a.id}</td>"
    @h = @h + "<td>#{a.name}</td>"
    @h = @h + "<td>#{a.entry}</td>"

    @h = @h + "<form method=\"post\" action=\"/del\">"
    @h = @h + "<td><input type=\"submit\" value=\"Delete\"></td>"
    @h = @h + "<input type=\"hidden\" name=\"id\" value=\"#{a.id}\">"
    @h = @h + "<input type=\"hidden\" name=\"_method\" value=\"delete\">"
    @h = @h + "</form>"

    @h = @h + "</tr>\n"
  end

  erb :index
end


post '/new' do
  s = BBSdata.new
  s.id = params[:id]
  s.name = params[:name]
  s.entry = params[:entry]
  s.save
  redirect '/'
end

```

```
47  delete '/del' do
48    s = BBSdata.find(params[:id])
49    s.destroy
50    redirect '/'
51  end
```

　まずは実行して動作を確認してみましょう. ホストOSのWebブラウザからアクセスしてみると, 図5.11のように, 表の各行末にDeleteというボタンが追加されています. たとえば, IDが2の行のDeleteボタンを押すと図5.12のようになり, 確かにID=2のレコードが削除されていることが確認できます.

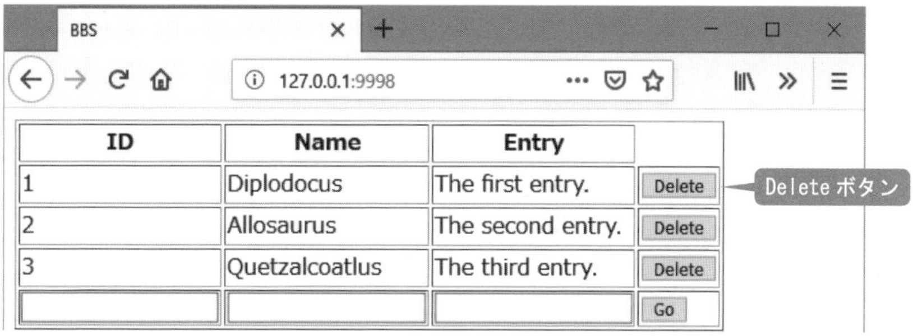

図 5.11　Delete ボタンが表示された

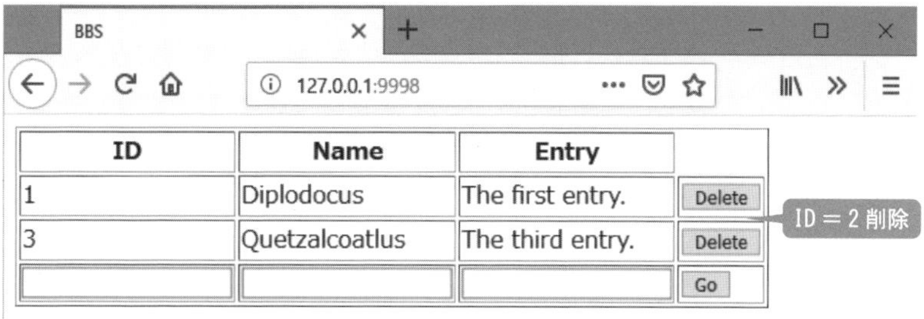

図 5.12　ID=2 のレコードが削除された

　*dbtest.rb* の変更点を解説します.

　24 ～ 28 行目が変更点の1つです. これまでと同じ, 20 ～ 22 行目のデータベースのレコード1件分を表示する部分と, 30行目の </tr> で表の1行を終える部分の間に, 追加されています. HTMLの命令として method="post" のように書きたい部分で, ダブルクォーテーションがRubyの文字列の囲みと間違えられないように, method=\"post\" のようになっているので読みにくいですが, 1つ1つ読み進めてください.

**24 行目**　24 ～ 28 行目は，`<form>` ～ `</form>` のように 1 つのフォームになっています．24 行目では，このフォームの内容を `action` で指定された `/del` という URL に送信するように記述しています．これを 47 行目が受け取ります．

**25 行目**　ここには `<td>` ～ `</td>` で挟まれた表の 1 セルがあり，その中に Delete という表記の submit ボタンがあります．submit ですから，このボタンがクリックされると 24 行目の指示に従ってフォームの内容が `http://.../del` という URL に渡されます．

**26 ～ 27 行目**　25 行目で URL に渡される内容は，ここに書かれています．どちらも input タグなので入力欄ということになりますが，`type="hidden"` というオプションが設定されているので，画面には表示されず，利用者は値を入力できません．どちらも `value="XX"` という形であらかじめ値が設定されており，input タグなので，Delete ボタンがクリックされたときに名前と値が `http://.../del` に渡されます．

26 行目は，Delete ボタンをクリックしたときにどのレコードの Delete ボタンをクリックしたのかが Web サーバー側でわかるように，id を送信する目的でこっそり使っているのです．

また，フォームが送信されたときに，`_method` という名前の変数に delete という値が設定されていれば，Sinatra 側で自動的に DELETE メソッドと読み替えるというルールがあるため，27 行目でそのような設定をしています．47 行目は HTTP の DELETE メソッドを受け取っているわけですが，HTML のフォームからは DELETE メソッドを直接発行する手段がないため，27 行目のような回り道をして，DELETE メソッドとして 47 行目で受け取れるようにしています．

もう 1 つの変更点が，47 ～ 51 行目です．

**47 ～ 51 行目**　データを削除している部分です．26 行目の HTML でこっそり id という名前でデータベース上の id の値を送信しているので，これを `params[:id]` のようにして受け取ります．これでどのレコードを削除したいのかがわかります．48 行目の find メソッドで削除したいレコードを探し，そのレコード 1 件に対して 49 行目の destroy メソッドを実行して削除します．これは save しなくても，destroy メソッドを実行した時点でデータベースに反映されます．データベースからレコードを削除した後に 50 行目の redirect で Web ページの更新をさせているのは，先ほどと同様です．

図 5.11 を Web ブラウザで表示させておいてページのソースを表示させると，当該部分は次のようになっています（読みやすくするために改行を入れています）．7 行目と 18 行目の value の部分が，Ruby プログラムによってそのレコードの id に置き換えられていることが見て取れるでしょう．

```
1  <tr>
2  <td>1</td>
3  <td>Diplodocus </td>
```

```
4    <td>The first entry.</td>
5    <form method="post" action="/del">
6    <td><input type="submit" value="Delete"></td>
7    <input type="hidden" name="id" value="1">
8    <input type="hidden" name="_method" value="delete">
9    </form>
10   </tr>
11
12   <tr>
13   <td>2</td>
14   <td>Allosaurus </td>
15   <td>The second entry.</td>
16   <form method="post" action="del">
17   <td><input type="submit" value="Delete"></td>
18   <input type="hidden" name="id" value="2">
19   <input type="hidden" name="_method" value="delete">
20   </form>
21   </tr>
```

　完成した Web アプリケーションのサイズを調べてみましょう． du コマンドで，*BBSapp* ディレクトリから下の各ディレクトリのサイズが表示されます． -h をつけると，サイズを人間が読みやすい単位にしてくれます． また， -s をつけると，個別のディレクトリのサイズは表示されません．

```
$ du -h -s ~/BBSapp ← BBSapp ディレクトリの容量を表示
16M /home/apato/BBSapp
```

　こんなシンプルなものでも，16MB もあります． *Gemfile* で指定されたパッケージと，それらの動作に必要なパッケージをすべて *./vendor/bundle/* 以下にコピーしてきているので，このくらいのサイズになってしまうのです．

## 5.11　セキュリティ面で気をつけるべきこと

　テキスト入力フォームを作ったよい機会なので，セキュリティについてもお話ししておきます． Web アプリケーションではセキュリティ面でいろいろと気をつけるべきことがあり，適当に作っているだけでは痛い目にあいます． そこでまず，いきなり大原則です．

# 「外部からの入力を信用してはいけない」

### 5.11.1　特別な意味をもつ文字はサニタイジングする

　先ほど完成させた掲示板 Web アプリケーションは，入力欄に名前や文章を書き込むとそれがデータベースに登録されて表示されました．普通に使っている分には，何も問題なく動作するでしょう．しかし，名前や文章として

```
The <h1>VERY BIG</h1> dinosaur.
```

というように，HTML タグを含むような入力をしたときにはどうなるでしょうか．もしこれをこのまま Web ブラウザに渡せば，図 5.13 のように VERY BIG の部分が大きく表示されるでしょう．これは何が問題なのでしょうか？

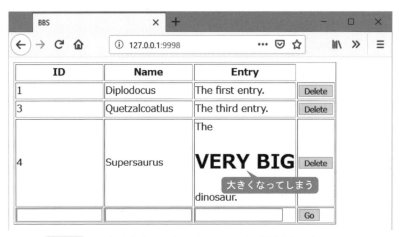

図 5.13　入力された h1 という HTML タグが解釈されている

　これは，HTML のタグが生きている（Web ブラウザに直接解釈されうる状態になっている）ことが大問題です．たとえば，入力欄に

```
<script type="text/javascript">for(i=0;i<3;i++){window.
open("https://www.morikita.co.jp/")}</script>
```

と（実際は 1 行で）入力すればどうでしょうか．HTML はそのソースの中に JavaScript のプログラムを直接埋め込むことができます[†]．これをそのまま Web ブラウザで実行すると，https://

---

[†]　長大な JavaScript プログラムは別ファイルにしておいて，HTML ファイルが読み込まれた後で読み込むということをしますが，ダイアログを出すくらいのほんのちょっとした JavaScript プログラムであれば，わざわざ別ファイルにするまでもなく，HTML ファイルに直接埋め込んでしまうこともあります．

www.morikita.co.jp/ のページがポップアップウィンドウとして 3 つ表示されます．これを無限ポップアップ状態にしてしまうのは簡単です．もしこれが悪意あるユーザーにより掲示板への書き込みとして保存されていたら，その掲示板を閲覧したほかのユーザーはどうなるでしょう？ 操作の邪魔をするだけならまだしも，JavaScript プログラムから表示内容を改ざんしたり，フォームに入力されている個人情報を盗み見たりすることも可能です．このような攻撃のことを「クロスサイトスクリプティング (cross site scripting)」といいます．「XSS」と略して書くこともあります．

　このように，人間やコンピュータなど外部からの入力を受け取るプログラムは何が入力されるのかわかったものではないので，「入力されたものを信用してそのまま使う」ということは絶対にしてはなりません．HTML であれば，< や > などの記号は HTML タグとして特別な意味をもっているので，入力されたテキストにこれらの文字が含まれていたら別の文字[†]に置き換えるという前処理を施したうえで処理本体に入るようにしなければなりません．この前処理のことを「サニタイジング (sanitizing)」といいます．sanitize とは，消毒とか除菌といった意味です．

　同様に，入力された文字の一部を SQL コマンドに含めて Web サーバー上で実行させるときにも注意が必要です．たとえば，テキスト入力欄に入力されたものを名前とみなしてデータベースから当該レコードを検索する，といったことはよく行います．名前として Albert Einstein のような「まともな」入力が来たときに，これを文字列 s として受け取り，

```
select * from users where name="%s";
```

のような SQL コマンドを発行するとしましょう．%s の部分が入力された文字列 s で置換されるとします．

　しかし，悪意のあるユーザーが名前の入力欄に名前ではなく

```
a" or "A" = "A
```

と入力したら，Web サーバーに渡される SQL コマンドは実質的に

```
select * from users where name="a" or "A" = "A";
```

となってしまいます．これは，name が a に等しい，あるいは，文字 A と文字 A が等しいときに成立する条件文です．後者の条件が常に成立してしまい，データベースに登録されているすべてのレコードを出力することになります．それだけならまだしも，次のような入力がなされたらどうなるでしょうか．

---

† < や > をそのまま Web ブラウザに渡してしまうと HTML タグとみなしてしまうので，みた目は < や > ですが HTML タグとしてはみなされない別の文字に置き換えます．&lt; や &gt; に置き換えればよいでしょう．表 8.4 も参照してください．

```
"; delete from users where "A" = "A
```

このように入力されると，Web サーバーに渡される SQL コマンドは実質的に

```
select * from users where name=""; delete from users where "A" = "A";
```

となってしまいます．こんなものがきた瞬間に，データベース上のすべてのレコードが削除されてしまいます．このような攻撃を「SQL インジェクション (SQL injection)」といいます．これもやはり，入力された文字列を信用せず，SQL コマンドにとって意味のある文字（" や ; など）を別の文字に置き換えるなどのサニタイジングを行う必要があります．UNIX 系 OS ではバックスラッシュ（あるいは円記号）が特別扱いされることが多いので，こちらも忘れずに対策するようにしましょう．

### 5.11.2　入力文字列の長さを制限する

　サニタイジングと同じくらい基本的なこととしては，入力文字列の長さ制限をすることも大事です．自分がプログラムで扱おうとしている文字列の長さは前もってわかっているはずなので（電話番号の入力欄であればどれだけ長くても 20 文字分くらい入力できれば十分なはずです），あえてどんな長さの文字列でも受け取れるように，入力フォームで制限をかけずにおくのは得策ではありません．むしろ，100 万文字などの極端な入力を自分のプログラムに流し込まれる可能性を残しておくのは危険なだけです．テキスト入力フォームで入力される文字列の長さは，maxlength プロパティで指定できます．入力フォームの

```
<input type="text" name="telnum">
```

となっているところを，

```
<input type="text" name="telnum" maxlength=20>
```

のようにしておけば，テキスト入力フォームに入力できる文字列の長さが 20 に制限されます．ただし，maxlength=20 としたときに，それが 20 文字なのか 20 バイトなのかというのは，実は Web ブラウザが個別に決めて実装しています[8]．したがって，データベースのフィールドには，maxlength で指定した長さの文字列がすべて 2 バイト文字列であっても十分なサイズを確保しておくことが必要です．入力フォームで制限をするだけでなく，サーバー側で動いているプログラムでも長さチェックを忘れないようにしましょう．

# chapter 6　パスワードの管理のしかた
## ― ログイン機能をつけるための基礎知識 ―

- ☑ ハッシュ値について理解する
- ☑ パスワードをサーバー上に安全に保存するための方法について理解する
- ☑ また，どのような危険性があるかを理解する
- ☑ パスワードデータベースを作成する
- ☑ パスワード認証を行う **Ruby** プログラムを作成する

　第 1 章で紹介した Google カレンダーをはじめとして，多くの Web アプリケーションは個人的な情報を扱います．すべての情報を誰にでも公開してはもちろんダメなので，通常はユーザー ID とパスワードをセットにした「ユーザーアカウント (user account)」を作成し，ログインをしなければそれらの Web アプリケーションを使えないようにしています．ユーザーがログインに使うパスワードは，もちろんネットワーク上のサーバーに保存されています．ネットワークに接続されているということは便利な反面，常に侵入の危険にさらされていることも意味しており，サーバーへの侵入を許すとパスワードを保存したファイルも流出する可能性があります．そもそも侵入や流出を防ぐことが第一ですが，万が一，サーバーに保存されているファイルが流出した場合にも，パスワードがわからないよう状態になっていることが望ましいといえます．ログイン機能をもつアプリケーションの作り方は第 7 章で学ぶこととして，この章ではユーザーがログインに使うためのパスワード情報をいかにして安全にデータベース上に保存するかということについて説明します．

## 6.1　データの指紋 ― ハッシュ値を計算する

　まず，予備知識として「ハッシュ (hash)」について説明します．hash とは「細かく切り混ぜる」といった意味の英語です．情報科学の世界では，入力された任意サイズのデータから固定サイズ（128 ビットなど）の値を計算する処理のことを指します．また，計算に使うアルゴリズムのことをハッシュ関数とよびます．入力データが 1 ビットでも違うとまったく違うハッシュ値が算出されるので，ハッシュ値をデータの指紋のようなものと考え，ハッシュ値が一致するかどうかで 2 つ

のデータが完全に同一かどうかを確認することができます.

図 6.1 に例を示します. 左側は ABCDE という文字列を SHA-256 (Secure Hash Algorithm 256-bit) というハッシュ関数に入力したときに f039...239a という 256 ビットの値が得られたことを意味しており, 右側は ABCDF という文字列を同じく SHA-256 ハッシュ関数に入力したときに 2b6e...a772 という値が得られたことを意味しています. 入力が 1 文字違うだけでまったく違う値が得られていることがわかります. また, 図 6.1 の下から上への矢印のように, ハッシュ値だけが手元にあったとしても, これをみて元データがどのようなものかを逆算することは事実上できません. 原理的には可能かもしれませんが, 計算量の面で数百年単位の時間が必要になるため現実的ではありません. ハッシュ関数のように, 通常の計算は簡単に行える一方で逆方向の計算が非常に難しい関数のことを, 数学的には「一方向関数 (one-way function)」といいます.

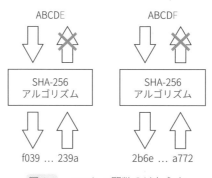

図 6.1　ハッシュ関数のはたらき

SHA-1 (Secure Hash Algorithm 1) も同様で, 出力は 160 ビット固定です. SHA-2 は SHA-1 の改良版で, 出力ビット数の違いで SHA-224, 256, 384, 512, 512/224, 512/256 という 6 つの変種があります[†]. SHA-1 は数学的な弱さがみつかっていますが, SHA-2 にはそのような弱点はみつかっておらず, SHA-1 の使用はもはや推奨されません. 電子署名などに使われる場合も SHA-1 から SHA-2 への移行が進められています[9].

SHA 以外のハッシュ関数として代表的なものの 1 つに MD5 (Message Digest Algorithm 5) があります. MD5 は入力データに対して 128 ビットの値（ハッシュ値）を出力するハッシュ関数です.

Ruby にはこれらのハッシュ関数は標準で用意されており, SHA-1 は "digest/sha1", SHA-256, SHA-384, SHA-512 は "digest/sha2", MD5 は "digest/md5" をそれぞれ require すれば, すぐに使えます. アルゴリズム名 .digest() は, 引数からハッシュ値を計算して返します. アルゴリズ

---

†　SHA-224 は SHA-256 を 224 ビットに切り詰めたもの, SHA-384, 512/224, 512/256 は SHA-512 をそれぞれ 384, 224, 256 ビットに切り詰めたものです.

ム名 .hexdigest() は，ハッシュ値の 16 進表記文字列を返します．次の *hashtest.rb* に使用例を示します．

▶ *hashtest.rb*

```ruby
require 'digest/sha1'   # ハッシュ値の計算に必要な gem を読み込む
require 'digest/sha2'
require 'digest/md5'

s = "Twinkle, twinkle, little star, How I wonder what you are."
puts s

puts Digest::SHA256.digest(s)      # ハッシュ値そのものを出力
puts Digest::SHA256.hexdigest(s)   # ハッシュ値の 16 進表記を出力
```

*hashtest.rb* の実行結果は次のようになります．SHA-256 のハッシュ値とその 16 進表記が表示されています．オリジナルの文字列が表示可能な文字だけで作られているとはいっても，ハッシュ関数にとっては文字コードという単なる数値の羅列に過ぎないので，計算されたハッシュ値には表示不可能な文字（の文字コード）も当然含まれます．文字化けが起きているのはそのためです．

```
$ ruby hashtest.rb
Twinkle, twinkle, little star, How I wonder what you are.
u0??qRm?`&L??m???i?G0V?????T<?
7530d0ce71526d9b27264cfce36d83b9e369ff4730569b849ce680d800543cb8
```

*hashtest.rb* の 5 行目の文字列末尾のピリオドを感嘆符に変えて実行してみます．1 文字違うだけでまったく異なるハッシュ値が計算されていることがわかります．

```
$ ruby hashtest.rb
Twinkle, twinkle, little star, How I wonder what you are!
c?|?
    u??nKSWiT[??g?O??- ?E
63db7cb90c007583e1ad6e4b535769545bcfe267a94fe1ee9f2d1820af184514
```

8 行目と 9 行目の SHA256 という部分を SHA1 や MD5 に変更して試してみましょう．

## 6.2　パスワードの安全な保存

### 6.2.1　パスワードはハッシュ値にしてから保存する

　ユーザーから入力されたパスワードがあったとして，これをそのままデータベース上に登録してはいけません．データベースが第三者に渡ったときに[†]，生のパスワードが保存されていては大変なことになります．また，システム管理者が生のパスワードをのぞき見ることができる状態にあるというのも，ユーザーの不安（もしかしたらシステム管理者が自分のパスワードをのぞき見て勝手にログインに使っているのではないか？）を増長させることにつながります．

　アプリケーション上でログイン機能を実装する場合には，ユーザーが入力した生のパスワード A と，データベースに保存されている暗号化されていない正解パスワード B を照合して，A＝B ならログイン OK とするのがもっとも単純ですが，これは前述のように危険です．

　そこで，図 6.2 のように，データベースには正解パスワード B から計算したハッシュ値 D を保存しておきます．ユーザーがログイン画面でパスワード A を入力したら A からハッシュ値 C を生成し，C＝D ならログイン OK とします．これならば，データベースにはハッシュ値という意味不明な値が保存されているだけになり，前述のような問題は解消されます．しかし，ハッシュ値から元のパスワードが簡単に逆算できてしまっては意味がないので，通常は SHA-256 などの強力なハッシュ関数が使われます．MD5 や古い UNIX 系 OS の crypt() で使われていた DES という共通鍵暗号方式は，すでに安全ではないといわれています．

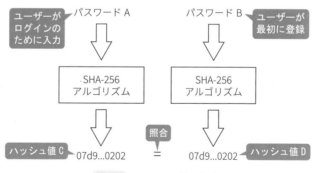

図 6.2　ハッシュ値の保存

---

[†]　パスワードデータベースが「第三者に流出した際に」という状況設定がそもそも間違っていると思わないでください．これらのデータが悪意のある第三者に漏れたとしても十分に安全であると言い切れる設計が必要です．実際，パスワードを含む顧客データが流出する事例が後を絶ちません．

## 6.2.2 パスワードの解読を防ぐ方法

　次に，パスワードを保存しているパスワードデータベースが第三者に流出した際に，いかにして
ユーザーのパスワードが解読されることを防ぐか，ということについて考えます．これは，オフラ
イン攻撃に対する防御力を高める方策といえます．alice というユーザー[†1] が A というパスワード
を使っていたとします．とあるハッシュ関数（MD5 や SHA-256）にパスワードの平文 A を与えて
計算したハッシュ値[†2] をパスワードデータベースに保存しておくと，

```
# username, hashed password
alice, fdc9X4Av0rxe0jd3
```

のような情報が保存されることになります．これが第三者に閲覧されても，alice のパスワードは
わかりません．ところが，bob というユーザーがたまたま A という，alice と同じパスワードを使っ
ていたとすると，ハッシュ関数のアルゴリズム自体は決定論的なものですから，パスワードデータ
ベースには次のように記録されることになります．

```
# username, hashed password
alice, fdc9X4Av0rxe0jd3
bob, fdc9X4Av0rxe0jd3
```

　これで bob には，alice が自分と同じパスワードを使用していることがわかってしまいます．も
し bob が悪意のあるユーザーであれば，これは困ったことです．自分のパスワードを何通りにも
変えてみて，パスワードデータベースの内容が alice と一致するものを探せば，いずれは alice の
パスワードを発見することができるからです．また，インターネット上には「よくあるパスワード
の辞書」や「よくあるパスワードをとあるハッシュ関数で処理したハッシュ値の辞書」が流通して
います．これらを元にパスワードデータベースの照合を繰り返せば，比較的容易にオリジナルのパ
スワードも判明してしまいます[†3]．

　そこで，パスワード P のみからハッシュ値を計算するのではなく，パスワード P に，ランダム
な文字列 S を追加した P+S という長い文字列からハッシュ値を計算するようにします．この S の
ことを「ソルト (salt)」といいます．ソルトとは料理に一振りして味を調整する塩のことです．パ

---

†1　情報科学の世界，とくにセキュリティの分野では，適当な人物名を Alice, Bob, Charlie, ... のように頭文字が A, B, C,... と
　　なるようにつける習慣があります．

†2　厳密には「暗号化」とは少し違います．平文を暗号化した暗号文は，必要な鍵があれば元の平文に戻せます．ハッシュ関
　　数で計算されたハッシュ値は元に戻せません．

†3　単純にパスワードの平文とハッシュ値の対応を一覧表にするとサイズが膨大になってしまうので，実際のクラッキングに
　　はもう一工夫を加えた「レインボーテーブル」とよばれるものが使われることがあります．

スワード P が同じでもソルト S が異なれば，パスワードデータベースに保存されるハッシュ値は異なるものになりますから，先ほどの例で alice と bob が同じパスワードを使っていることは一見しただけではわからなくなります．また，ハッシュ値の辞書を使った総当たり攻撃は事実上使えなくなります．

パスワードデータベースには，

```
# username, hashed password, salt
alice, fdc9X4Av0rxe0jd3, 12345678
bob, SrL9sSOb2nBTdiSk, 9abcdefg
```

のように，パスワードとソルトから計算したハッシュ値とソルトそのものの両方を保存するようにします．実際のログイン時には，ユーザーが入力したパスワードと，パスワードデータベースに保存されているソルトとを結合した文字列からハッシュ値を計算し，パスワードデータベースに保存されているハッシュ値と同じであればログイン成功となります．

ソルト自体は総当たりに対する時間稼ぎのためのものですから，十分に複雑であれば丸見えでも構いません．古くからある UNIX 系 OS では，ソルトとしては 12 ビットのランダム値が使われていました．これはパスワードを総当たりで試す手間を 4096 倍にするので，当時のコンピュータでは十分だったかもしれませんが，現代のコンピュータの高速性の前にはこれでは不十分です．ソルトをどの程度の長さにすべきかは諸説ありますが，20 バイトから 40 バイトくらいの長さにしておけば，当面は安全といわれているようです．もちろん長ければ長いほど望ましいといえます．

ソルトはユーザーごとに違うものを使う必要があります．ユーザーアカウントを作るタイミングや，もしくはそのユーザーがパスワードを変更するタイミングなどに，ランダムな文字列を生成して使えばよいでしょう．

さらに総当たり攻撃に対する耐性をつけるために，「ストレッチング (stretching)」とよばれる一手間をかけることがあります．パスワード P とソルト S を結合した P+S のハッシュ値 H を求めてパスワードデータベースに保存しておくのではなく，P+S のハッシュ値 H をさらにもう 1 回ハッシュ関数に通してハッシュ値 $H_2$ を計算し，さらに $H_2$ から $H_3$ を計算し，ということを，たとえば 1000 回繰り返して，最終結果のハッシュ値 $H_{1000}$ をパスワードデータベースに保存しておくのです．ストレッチングを行うことで，総当たりでパスワードを解読するために要する時間を引き延ばすことができ，現実的な時間の範囲で総当たり攻撃が終わらないようにできます．

### 6.2.3　ハッシュ関数を選ぶときの注意点

ありがちな罠として，「既知のハッシュ関数を使っているからやり方がわかってしまうのだ，独

自のハッシュ関数でやればわからないだろう」という考えで，独自のハッシュ関数を作って使うことがあります．ほとんどの場合，その「独自理論」のハッシュ関数は世間的な検証をまったく受けておらず，暗号学的な強度という面では確実に劣るので，海千山千の攻撃者からは簡単に破られてしまうことでしょう．暗号学的な強度が数学で保証され，世界中で実戦投入されながら生き延びている既知のハッシュ関数を使ったほうが，はるかに安全です．

　ハッシュ関数自身に脆弱性がみつかることもあります．このハッシュ関数を X とします．このとき，既存のユーザーのパスワードはユーザー本人以外にはわからないので，アプリケーション側でハッシュ関数を X から新しいハッシュ関数 Y に変えたいときに，ユーザーパスワードを自動的に新しいハッシュ関数 Y で処理し直してパスワードデータベースに格納するということはできません．しかし，新規ユーザーのパスワードを脆弱性が知られているハッシュ関数 X で処理してパスワードデータベースに使い続けることは，賢明ではありません．そこで，パスワードデータベースに，そのユーザーのパスワードハッシュ値を計算したときのハッシュ関数が区別できるようなマークをつけておくと，実運用上なにかと便利です．

　例をみてみましょう．

```
# username, hashed password, salt, hash algorithm
alice, fdc9X4Av0rxe0jd3, 12345678, Y
bob, SrL9sSOb2nBTdiSk, 9abcdefg, X
```

　この例では，パスワードデータベースの行末に，使用したハッシュ関数を表す記号を入れています．alice はすでに新ハッシュ関数 Y に移行していますが，bob はまだハッシュ関数 X で処理されたものを使っているので，bob が次回ログインしてきたときに新しいパスワードを設定し直させるか，ログイン画面で入力した生のパスワードをハッシュ関数 Y で処理して勝手にパスワードデータベースに保存し直してしまうかです．もし，ハッシュ関数 X の脆弱性が重大なものであれば，ハッシュ関数 X を使用しているユーザーを一時的にシステムから締め出してログインできなくするということも可能でしょう．

　ここまでで述べたパスワードの保存手法を一括で処理してくれる BCrypt[9] のような関数もあるので，しくみを理解したうえで利用するとよいでしょう．

### 6.2.4　パスワード自体が弱いと意味がない

　注意しなければならないのは，ソルトやストレッチングなどを駆使して対策を施したとしても，元のパスワードが短かったり簡単なものであれば意味がないということです．この場合，パスワードデータベースが手に入らなくとも，典型的なパスワードや個人的に推測可能なパスワードでログ

インを試みれば，ものの数分で正規ユーザーとしてログインできてしまうでしょう．これをオンライン攻撃とよびます．Webアプリの利用者としては，長くて複雑なパスワードを使うように心がけたいものです．設計をする側としては，パスワードには一般的なアルファベットの小文字だけでなく大文字・数字・記号なども使えるようにする，長いパスワード（100文字程度）を設定可能にする，短いパスワードや辞書に載っているパスワードは設定を拒否する，などの設計上の配慮も必要でしょう．

## 6.3　パスワードデータベースを作る

　ここからログイン機能の実装方法について解説していきます．いきなりGUIで見た目を作り始めるのではなく，まずはパスワードデータベースを作り，コマンドラインから操作できるようにするところから作ります．

### 6.3.1　作業用ディレクトリを準備する

　作業用に *pass* というディレクトリを作成し，いつもどおりに用意をします．

```
$ mkdir ~/pass      ← アプリケーションディレクトリを作る
$ cd ~/pass         ← 作成したディレクトリに移動
$ bundle init       ← デフォルトの Gemfile を生成する
(Gemfile に activerecord と sqlite3 を追加する)
$ bundle install    ← Gemfile の内容に従って gem をインストールする
```

### 6.3.2　パスワードデータベースを設計する

　パスワードデータベースは，ここでは表6.1のような仕様とします．適当に制限を付けないとデータベースの設計ができないので，ひとまずユーザー名は20文字までとします[†]．ソルトはここでは乱数値を使うことにします．格納する具体的な値の生成方法については後述します．ハッシュ値には，生パスワード＋ソルトをSHA-256でハッシュ化したものを使うとします．SHA-256は256ビット（＝32バイト）の値を返すハッシュアルゴリズムですので，hexdigestメソッドを使っ

---

†　正確には，本書で使用しているSQLiteはchar (20)などの指定における括弧内の数値指定は無視され，格納できる長さに事実上の制限はありません[11]．今後，読者の皆さんがSQLite以外のデータベースを使用することも考え，SQLiteで数値指定が無視されるという例外的な扱いは無視して進めます（106ページの脚注も参照）．

表 6.1　パスワードデータベースの仕様

| 項目 | カラム名 | 属性 |
|------|---------|------|
| ユーザー名 | id | char(20), primary key |
| ソルト | salt | varchar(40) |
| ハッシュ値 | hashed | varchar(70) |
| アルゴリズム | algo | char(5) |

て 16 進表記の文字列として格納する場合では，64 文字分の空きがデータベースのレコードに必要です．アルゴリズムには，ハッシュ化に用いたアルゴリズムを区別できる記号を入れておきます．たとえば，SHA-256 を使ったら 1，MD5 を使ったら 2，という記号を書き込んでおきます．この記号は自分で区別できればなんでも構いません．

### 6.3.3　データベースファイルを作成する

　このデータベースファイルを作っておきます．まず，表 6.1 に従ってテーブルを作成するように SQLite の命令を並べたファイルを作成します．

▶ *passwd_dbinit.sq3*

```
1  create table accounts (
2    id char(20) primary key,
3    salt varchar(40),
4    hashed varchar(70),
5    algo char(5)
6  );
```

　これを SQLite に流し込めば，データベースファイルを作ることができます．ファイル名は *passwd.db* とします．実験などで *passwd.db* が壊れても，この方法で何度でも作り直せます．

```
$ sqlite3 passwd.db < passwd_dbinit.sq3
```

### 6.3.4　アカウントを 1 つ手動で追加してみる

　さて，この *passwd.db* をコマンドラインから操作し，アカウントを 1 つ追加できるようにしてみます．次のファイルを作成してください．

```
1  require 'digest/sha2'
2  require 'active_record'
3
4  ActiveRecord::Base.configurations = YAML.load_file('database.yml')
5  ActiveRecord::Base.establish_connection :development
6
7  class Account < ActiveRecord::Base
8  end
9
10 # 基本的な情報
11 username = "coelacanth"
12 rawpasswd = "ikitakaseki"
13 algorithm = "1"
14 r = Random.new
15 salt = Digest::SHA256.hexdigest(r.bytes(20))
16 hashed = Digest::SHA256.hexdigest(rawpasswd + salt)
17
18 puts "salt = #{salt}"
19 puts "username = #{username}"
20 puts "raw password = #{rawpasswd}"
21 puts "algorithm = #{algorithm}"
22 puts "hashed passwd = #{hashed}"
23
24 # データベースを更新する
25 s = Account.new
26 s.id = username
27 s.salt = salt
28 s.hashed = hashed
29 s.algo = algorithm
30 s.save
31
32 # データベースの中身をすべて出力する
33 @c = Account.all
34 @c.each do |a|
35   puts ">> " + a.id + "\t" + a.salt + "\t" + a.hashed + "\t" + a.algo
36 end
```

これに対応する YAML ファイルも作っておきます．2 行目と 3 行目の行頭の半角スペース 2 個を忘れないように注意してください．

```
1  development:
2    adapter: sqlite3
3    database: passwd.db
```

### 6.3.5 動作を確認する

さて，*genpass.rb* の解説をしてきましょう．

**11 ～ 12 行目** ユーザー名とパスワードの平文は，普通はコマンドラインや Web ブラウザの入力
欄から渡されるものですが，ここでは単純にテストをするためなので，プログラム中で直接値
を指定します．ここではユーザー名を coelacanth，パスワードを ikitakaseki として登録しま
した．

**13 行目** このハッシュ値計算に使ったハッシュ関数が SHA-256 であるという目印として 1 を記録
します．

**14 ～ 15 行目** ソルトはさまざまな実装がありえますが，ここでは乱数で決めます．14 行目で
Ruby の Random オブジェクトを 1 つ作り，15 行目の `r.bytes(20)` で 20 バイトのランダム
データを取得します．20 バイトというサイズは，6.2 節のソルトの長さについての議論を踏
まえて決めました．ただし，このままでは文字としては表示不能なバイト値まで含まれてしま
い[†]，*passwd.db* の varchar には格納できないので，15 行目ではこの 20 バイトのデータを元
に SHA-256 ハッシュ値を計算し，`hexdigest` メソッドで処理することで，64 文字のテキス
トデータとして最終的なソルトを返しています．

**16 行目** ソルトと生パスワードを結合してできる文字列を SHA-256 で計算し，`hexdigest` メソッ
ドで処理することで，64 文字のテキストデータとして最終的なハッシュ値を得ています．こ
れをパスワードデータベースに保存し，生パスワードはこの場で捨てます．このハッシュ値か
ら元のパスワードを推測するのはほぼ不可能です．

**18 ～ 22 行目** ここまでで計算された変数を表示します．

**24 ～ 30 行目** データベース上に 1 つ新規レコードを作成して，ユーザー名やハッシュ値などを保
存します．

**32 ～ 36 行目** 最後に，データベース上のすべてのレコードを表示します．

*genpass.rb* を実行すると，以下のようになります．

```
$ bundle exec ruby genpass.rb
salt = 64b96fc56c93e49b684e70d9b0c35cdce886c3462ca9ced270cc21569c99
7e02
username = coelacanth
raw password = ikitakaseki
```

---

† 15 行目で引数として与えている `r.bytes(20)` の値を画面に表示してみてください．もし，バイナリデータを表示するこ
とによって画面が文字化けしてしまったら，表示が崩れているだけでキー入力は受け付けているので，その状態のまま
reset Enter と入力すれば大抵は直ります．

```
algorithm = 1
hashed passwd = 982f0209f1c5c23e22e611b01f7e495bb685b80047b55a64b74a87
aad93ac991
>>coelacanth 64b96fc56c93e49b684e70d9b0c35cdce886c3462ca9ced270cc21569
c997e02        982f0209f1c5c23e22e611b01f7e495bb685b80047b55a64b74a87a
ad93ac991        1
```

いまは 1 件しかデータがないのですが，実行結果の最後の "**>>**" で始まる 1 行（紙面上は 3 行）が，データベースに保存されているユーザーデータとなります．このデータベースファイルが盗まれても coelacanth というユーザーのパスワードはわからないので，パスワードデータが安全にサーバー上に保存されているということになります．

───── トレーニング ─────────────────────────── 基本事項のチェック！

**1.** 違うユーザー名で同じパスワードを登録し，ソルトの違いによってパスワードハッシュ値が異なっていることを確認してください．
**2.** *genpass.rb* をストレッチング対応にしてみてください．
**3.** *genpass.rb* でユーザーを削除できるようにしてみてください．

───── チャレンジ ─────────────────────────── さらにレベルアップ！

**1.** *genpass.rb* でコマンドライン引数を受け取り，たとえば `ruby genpass.rb --add user1pass1` のように入力すると，ユーザー名が user1 でパスワードが pass1 のユーザーを新規追加し，`ruby genpass.rb --delete user2` のように入力すると，ユーザー名が user2 のユーザーを削除する，といったようにしてみてください．コマンドライン引数については 3.12 節を参照してください．

## 6.4 ユーザー認証

*genpass.rb* と同じディレクトリに，今度は *passwd.db* を元にユーザー認証のしくみを作ることにします．6.3 節で，ユーザー名が coelacanth で，パスワードが ikitakaseki というユーザーの情報が *passwd.db* に登録されています．適当なユーザー名やパスワードを与えたときに，ログインの可否を返すようなプログラムを作ってみましょう．

次のプログラム *checkpass1.rb* は，ユーザー名とパスワードが適当にキーボードなどから入力されたとして，ログインの可否を判定するプログラムです．

```ruby
1   require 'digest/sha2'
2   require 'active_record'
3
4   ActiveRecord::Base.configurations = YAML.load_file('database.yml')
5   ActiveRecord::Base.establish_connection :development
6
7   class Account < ActiveRecord::Base
8   end
9
10  # ユーザーがキーボードから入力した文字列
11  trial_username = "coelacanth"
12  trial_passwd = "ikitakaseki"
13
14  # データベースに保存された内容を取り出す
15  a = Account.find(trial_username)
16  db_username = a.id
17  db_salt = a.salt
18  db_hashed = a.hashed
19  db_algo = a.algo
20
21  # ハッシュ値を計算する
22  if db_algo == "1"
23    trial_hashed = Digest::SHA256.hexdigest(trial_passwd + db_salt)
24  else
25    puts "Unknown algorithm is used for user #{trial_username}."
26    exit(-2)
27  end
28
29  # 確認のため，変数をすべて表示
30  puts "--- DB ---"
31  puts "username = #{db_username}"
32  puts "salt = #{db_salt}"
33  puts "algorithm = #{db_algo}"
34  puts "hashed passwd = #{db_hashed}"
35  puts ""
36  puts "--- TRIAL ---"
37  puts "username = #{trial_username}"
38  puts "passwd = #{trial_passwd}"
39  puts "hashed passwd = #{trial_hashed}"
40  puts ""
41
42  # ログインの成否を確認
43  if db_hashed == trial_hashed
44    puts "Login Success"
45  else
46    puts "Login Failure"
47  end
```

*checkpass1.rb* は，8 行目までは 5.6 節の *dbtest.rb* とよく似ています．10 行目以降を解説します．

**10 ～ 12 行目**　ここで設定している内容が，キーボードやログインページの入力欄から与えられたユーザー名 (A) と生のパスワード (B) の文字列であるとします．ここでは実験用にプログラム中に直接埋め込んでいます．

**14 ～ 19 行目**　入力されたユーザー名を *passwd.db* の中から検索し，ヒットしたらソルト (C)・ハッシュ化されたパスワード (D)・アルゴリズム (E) を拾い出してきます．

**21 ～ 27 行目**　入力されたユーザー名 (A) のエントリで使われているハッシュ関数を調べています．"1" であれば SHA-256 を使うようにし，そうでなければ "Unknown algorithm ..." と表示させてプログラムを終了するようにしています[†]．これは 6.2 節で述べたように，将来的なアルゴリズムの変更に備えた部分です．データベースから拾ってきたソルト (C) と入力された生のパスワード (B) を結合した文字列の SHA-256 ハッシュ値を計算し，変数 (F) に代入しておきます．

**29 ～ 40 行目**　ここは単に，確認のため，プログラム内部の変数を表示しているだけです．

**42 ～ 47 行目**　パスワードデータベースに登録されているハッシュ化されたパスワード (D) と，生のパスワード (B) から計算されたハッシュ値 (F) を比較し，これが一致していればログイン成功としています．

なお，15 行目や 23 行目では，外部から入力されたと仮定している trial_username と trial_passwd をノーチェックで ActiveRecord の find メソッドや SHA-256 の hexdigest メソッドの引数として与えていますが，果たしてこれで安全でしょうか．find メソッドや hexdigest メソッドにセキュリティホールがみつかった場合，その穴を突くような入力をログイン名やパスワードを入力欄に入力してしまえるコードになっているのではないでしょうか．一度考えてみてください．

さて，*checkpass1.rb* を実行すると，次のようになります．

```
--- DB ---
username = coelacanth
salt = 64b96fc56c93e49b684e70d9b0c35cdce886c3462ca9ced270cc21569c99
7e02
algorithm = 1
hashed passwd = 982f0209f1c5c23e22e611b01f7e495bb685b80047b55a64b74a87
aad93ac991
--- TRIAL ---
username = coelacanth
passwd = ikitakaseki
hashed passwd = 982f0209f1c5c23e22e611b01f7e495bb685b80047b55a64b74a87
```

---

[†]　プログラム終了に使われる exit メソッドの引数は，正常終了したら 0，何らかのエラーで終了したら 0 以外，という値にしておくのが普通です．この値はプログラムの終了コードとしてシェルスクリプトなどの中で条件判断に使われます．

```
aad93ac991
Login Success
```

--- DB --- の部分は，パスワードデータベースから検索してきた情報をそのまま表示してい
ます．--- TRIAL --- の部分が，入力された生のパスワードとパスワードデータベースから拾っ
てきたソルトを結合してハッシュ値を再計算したものです．この値が，パスワードデータベースに登録されているハッシュ値と一致しているため，最終行で "Login Success" となっています．

ユーザーが入力したパスワードが間違っていたときを想定して，*checkpass1.rb* の 12 行目を適当に変更して実行すると，次のようになります．

```
--- DB ---
username = coelacanth
salt = 64b96fc56c93e49b684e70d9b0c35cdce886c3462ca9ced270cc21569c99
7e02
algorithm = 1
hashed passwd = 982f0209f1c5c23e22e611b01f7e495bb685b80047b55a64b74a87
aad93ac991
--- TRIAL ---
username = coelacanth
passwd = ikitakasekidesuyo
hashed passwd = a1ee83df9b166577a2ccc69c309f5342497140c9c9ad3b511f7ada
04180e710d
Login Failure
```

ユーザーが入力した生のパスワードとパスワードデータベースから拾ってきたソルトを結合して再計算したハッシュ値が，パスワードデータベースに登録されているハッシュ値と一致していないため，最終行で "Login Failure" となっています．

*checkpass1.rb* では，入力されたユーザー名がパスワードデータベースに存在しない場合は，次のようにエラーになります．

```
/home/apato/pass/vendor/bundle/ruby/3.0.0/gems/activerecord-6.1.1/lib/
active_record/core.rb:326:in `find': Couldn't find Account with
'id'=latimeria (ActiveRecord::RecordNotFound)
        from checkpass1.rb:15:in `<main>'
```

これは，*checkpass1.rb* の 15 行目の find メソッドで ActiveRecord::RecordNotFound という「例外 (exception)」が発生しているからです．たとえば，ファイルを読み込み用に開くというメソッドにおいて，ファイルが存在しない場合や読み込み権限がない場合というのは，そこから先に進むことができない致命的なエラーです．また，ファイルを読み込み用に開くというメソッド内で，こ

ユーザー認証

143

のエラーをそのプログラムに適した形で処理できるわけではありません．このような場合，Ruby では何か異常が発生したことを自分を呼び出した側に伝えます．このことを例外といい，例外が発生したことをキャッチして，その時々に応じた処理を適切に行うプログラムのことを「例外ハンドラ (exception handler)」といいます．

　存在しないユーザー名を入力されることなど当たり前にあるので，きちんと対応しておきましょう．*checkpass1.rb* を改良して，ユーザー名が存在しない場合の処理を追加したものが，次の *checkpass2.rb* です．*checkpass2.rb* の 14 行目から 25 行目を，*checkpass1.rb* の 14 行目から 19 行目と比較してください．

▶ *checkpass2.rb*

```
1   require 'digest/sha2'
2   require 'active_record'
3
4   ActiveRecord::Base.configurations = YAML.load_file('database.yml')
5   ActiveRecord::Base.establish_connection :development
6
7   class Account < ActiveRecord::Base
8   end
9
10  # ユーザーがキーボードから入力した文字列
11  trial_username = "latimeria"
12  trial_passwd = "ChalumnaRiver"
13
14  # データベースに保存された内容を取り出す
15  begin
16    a = Account.find(trial_username)
17    db_username = a.id
18    db_salt = a.salt
19    db_hashed = a.hashed
20    db_algo = a.algo
21  rescue => e
22    puts "User #{trial_username} is not found."        ← 例外ハンドラ
23  # puts e.message
24   exit(-1)
25  end
26
27  # ハッシュ値を計算する
28  if db_algo == "1"
29    trial_hashed = Digest::SHA256.hexdigest(trial_passwd + db_salt)
30  else
31    puts "Unknown algorithm is used for user #{trial_username}."
32    exit(-2)
33  end
```

```
34
35  # 確認のため，変数をすべて表示
36  puts "--- DB ---"
37  puts "username = #{db_username}"
38  puts "salt = #{db_salt}"
39  puts "algorithm = #{db_algo}"
40  puts "hashed passwd = #{db_hashed}"
41  puts ""
42  puts "--- TRIAL ---"
43  puts "username = #{trial_username}"
44  puts "passwd = #{trial_passwd}"
45  puts "hashed passwd = #{trial_hashed}"
46  puts ""
47
48  # ログインの成否を判定
49  if db_hashed == trial_hashed
50    puts "Login Success"
51  else
52    puts "Login Failure"
53  end
```

*checkpass2.rb* では 11 行目で *passwd.db* には存在しないユーザー名を与えているので，次のような実行結果となります．

```
User latimeria is not found.
```

16 行目の find() メソッドのように，例外を投げそうな命令を begin ～ rescue ～ end の最初のブロックにいれておきます．例外が発生しなければそのまま end 以降のコードの実行に移りますが，もし例外が発生すると rescue ～ end のブロックが実行されます．発生した例外の具体的な情報を保持している例外オブジェクトを，21 行目では e として受け取っています．23 行目のコメントの # をはずして試してみてください．例外オブジェクトがもっているエラーメッセージが表示されます．

トレーニング

**基本事項のチェック！**

**1.** ログイン成功時に，前回ログインした日時を表示する機能を追加した *checkpass3.rb* を作成してください．前回ログイン日時を格納するためにデータベースの仕様も適当に設計して構いませんが，「とりあえず varchar(20) でいいや」ではなく，本当にそれで大丈夫なように保証してください．すなわち，取りうる値の範囲を洗い出し，文字列として日時を保存するのであれば，その文字列が最大で何文字になりうるかを調べて大丈夫であることを保証してください．また，整数値として保存するのであれば，何ビットあれば大丈夫かを確認してデータベースにそれだけの領域があれば大丈夫であることを保証してください．

# Cookie の使い方
## ― セッションを継続させるための基礎知識 ―

☑ セッションの継続とは何かを理解する

☑ Cookie でセッションが継続できるしくみを理解する

☑ Cookie はどこに何をどのような形で保存しているのかを理解する

　Web 上のショッピングサイトでは，ユーザーは商品を紹介するページをいくつも行き来しながら商品を選び，購入するボタンをクリックすると，別のページで支払いや発送の手続きを行います．ある商品を購入することをユーザーが選択したという情報を，支払いのページに引き継ぐことができなければ，支払う金額がいくらなのかが計算できません．このように，実際の Web アプリではログイン状態を維持したりショッピングカートを使ったりと，ページを移動した場合にも処理を継続する場合がほとんどです．このことをセッションの継続といいます．

　ところが，Web の基盤技術である HTTP は，基本的にセッションの継続を考えて設計されていません．先ほどのショッピングサイトの例でいえば，商品を紹介するページと支払いのページはまったく無関係で，情報も引き継がれません．これでは実用的な Web アプリケーションを作ることは難しいといえます．

　本章では，HTTP 上でセッションの継続を実現するかなめとなる技術である，Cookie の使い方と注意点についてみていくことにします．
<small>クッキー</small>

## 7.1　HTTP だけではセッションは継続されない

　HTTP は，Web ブラウザと Web サーバーが通信をする際に用いられるプロトコルです．なぜ Cookie なるものを持ち出してセッションの継続を考えなければならないのかを理解するために，HTTP による通信を手作業で体験してみることにしましょう．

　普段は Web ブラウザと Web サーバーが，HTTP で定められたルールに従ってデータのやりとりを行っています．たとえば，`http://www.example.com/index.html` という URL が入力されると，Web ブラウザは `GET /index.html HTTP/1.0` というメッセージを `www.example.com`

というコンピュータ（Web サーバー）に送ります．Web サーバーはこのメッセージを受信して理解し，*/index.html* というファイルを Web ブラウザに送り返します．このファイルは HTML で書かれているので，Web ブラウザはこれを冒頭から解読して，書かれているとおりに文字などを並べていきます．これが「URL を入れたら Web ページが表示された」の裏側で起こっていることです．

### 7.1.1　HTTP のやりとりを手動で行う

Web ブラウザが行っていることを手動で行い，Web サーバーからファイルを 1 つ取得してみましょう．HTTP のメッセージのやりとりに行われるのは基本的にテキストなので，簡単に実験できます．実験には telnet コマンドを使用します．HTTP では TCP の 80 番ポートを使うので，ポート番号まで明示してコマンドラインから次のように入力します．

```
$ telnet pene.mydns.jp 80
Trying 49.212.184.153...
Connected to pene.mydns.jp.
Escape character is '^]'.
```

**telnet**

telnet は，もともとは遠く離れた場所にあるコンピュータにログインして操作するためのリモートログインコマンドです．通信経路を流れるデータが暗号化されておらず，パスワードやメールの本文などもそのまま盗聴できてしまうため，現在ではリモートログイン用には ssh を使うことが標準的です．上記の例のように，ポート番号を指定して特定のサーバーとのやりとりを手動で行って動作確認を行う用途などでは，いまでも使われています．

これで筆者が用意した Web サーバーに接続されました．ここまで表示されたところで止まって，コマンドの入力待ちになっています．普段は Web ブラウザがコマンドを送信してデータのやりとりを行いますが，今回はキーボードから次のように入力します．

```
GET␣/␣HTTP/1.0 Enter
Enter
```

そうすると，次のように冒頭に 200 OK というリザルトコード[†]が表示され，HTML データが流

---

† 200 OK のほかになじみ深いのは，404 Not Found や 500 Internal Server Error でしょう．ほかにもたくさんあります．

れてきて，接続先から**接続が切られます**．流れてきたデータは画面に表示されますが，それがそのまま読めるということはデータが暗号化されていないということを意味しています．

```
HTTP/1.0 200 OK  ← Web サーバーから 200 OK という返事がきた
Date: Thu, 31 Jan 2019 01:42:13 GMT  ← 送られてきたデータはそのまま読める
Server: Apache
          :
Connection closed by foreign host.  ← こちらが何もしなくても接続が切られた
```

このように，Web サーバー上に置かれているファイルを取得するには，GET メソッドと欲しいファイルのパス (/) を送信する必要があります．この GET と / というのが，Sinatra のプログラムに登場したあの get '/' do の get と '/' です．

先述のように，Web ブラウザは送り返されてきた HTML データを先頭から解読していき，画像などを取得する必要があれば，改めて今回と同じことをして今度は画像を送ってもらうのです．必要なファイルのダウンロードが完了するごとに画面上の適切な場所に適切な大きさで文字や画像を配置すると，「Web ページが表示できた」となります．

## 7.2　セッションを継続する必要性

7.1 節で telnet を使って Web サーバーに接続したとき，こちらからの指示（GET コマンド）が終わった時点で即座に接続が切られました．

Web ブラウザは取得した HTML データを先頭から解読し，画像ファイルが指定されていれば，改めて Web サーバー[†1]に接続をして当該の画像ファイルを取得するようにします．このように，HTTP の接続は基本的に 1 回ごとに切断されます．やりとり 1 回分のことを「セッション (session)」といいます．Web サーバーからみれば，最初の HTML データ取得時の接続・切断と，次の画像ファイルの取得時の接続・切断は，まったく別の 2 つのアクセスに過ぎず，両者が関係があるものなのか，たまたま同じ IP アドレスからアクセスがきたものなのかは区別ができません[†2]．このことは，Web サーバー上のログをみればよくわかります．今回はインストールしませんが，Ubuntu では

---

†1　この画像ファイル取得のための接続は，先ほどの HTML データの取得とは別事象であって，先ほどと同じ Web サーバーである必要性はまったくありません．この後の説明では，HTML データと画像ファイルは同じサーバーから取得しているとします．

†2　同じ IP アドレスからアクセスが来たからといっても，それが同じマシンの同じアプリケーションからのアクセスとはとても保証できません．NAT やプロキシなどを介してアクセスしている場合は，同じマシンからのアクセスかどうかすらもみえません．

Apache のログが **/var/log/apache2/access_log** にあるので，機会があれば中をのぞいてみるとよいでしょう．

　古典的な，単にストレージ上に置かれている情報を表示するだけの Web ページであればこれで問題ありませんが，困るのが Web アプリケーションです．たとえば，Amazon のような買い物サイトで個々の商品の紹介ページと会計のページが無関係なものであれば，買い物サイトとして用をなしません．Gmail のような Web アプリケーションで，ログインページとメール一覧のページとメール送信のページがすべて無関係だとしたら，自分は一体誰のメールを読み，誰のアカウントからメールを送信することになるのでしょうか．このように，本格的な Web アプリケーションを作ろうとすると，機能ごとに分けて作られたページの間で情報を引き継ぐ方法，すなわちセッションを継続する方法が必須となります．

## 7.3　Sinatra で Cookie を使ってセッションを継続する

### 7.3.1　Cookie のしくみ

　HTTP において，個別の Web ブラウザのセッション情報を引き継ぐためには，Cookie というしくみを使います[†]．あるページを表示させるリクエストがサーバー側に来たときに保存しておくべき情報があれば，サーバー側からその情報を Web ブラウザに送ります．Web ブラウザでは，自分が動いている PC 上の適当な領域にその情報を保存します．別のページに移動するたびに Web ブラウザは，新たにアクセスしたサイトの Cookie をもっていないか確認し，もっていれば該当する Cookie をサーバーに送ります．サーバー側では送られてきた Cookie に書かれた情報を解読し，作業の続きを処理します．

　別のたとえ話をしましょう．図 7.1 をみてください．あなたは銀行の窓口係です．お客さんが数人来ていますが，すべて同じ顔・同じ声・同じ髪型・同じ服などなどで，区別がつきません．そのようなときに誤りなくお客さんの個別の要求をさばくためには，原始的には以下のようにすればよいでしょう．

- A さんが窓口に来て，通帳記入を依頼する．通帳を預かるがしばらく時間がかかるので，メモ用紙に「1 番，A さん，通帳記入中」と書いて A さんに渡す．ここで A さんの相手はいったん終了．

- B さんが窓口に来て，口座の新規作成を依頼する．口座開設用の記入用紙を渡す．同時にメ

---

　†　Cookie の語源については諸説あり定かではありません．英語ではお菓子のクッキーと同じ綴りです．

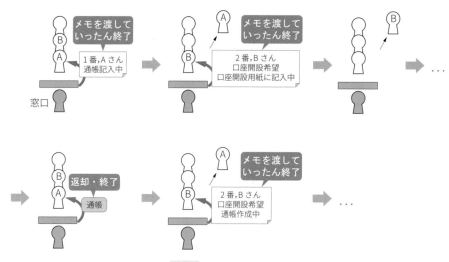

図 7.1　銀行の窓口の例

モ用紙に「2番，Bさん，口座開設希望，口座開設用紙に記入中」と書いて渡す．ここでB
さんの相手はいったん終了．

- …
- Aさんが窓口に再度来る．メモをみると通帳記入中であったことが書かれているので，それ
  をみて通帳を返却する．ここでAさんの相手はいったん終了．
- Bさんが窓口に再度来る．メモをみると口座開設希望で口座開設用紙に記入中であったこと
  が書かれているので，それをみて次に通帳の用意を行う．Bさんにはメモ用紙に「2番，B
  さん，口座開設希望，通帳作成中」と書いて渡す．ここでBさんの相手はいったん終了．
- …

　銀行窓口のあなたにとって，窓口に来る人の1人1人が新規の来店者かいつぞやの作業の継続
中の人なのかは見分けがつきません．来た人を端からバッタバッタと処理していく作業となります．
この例ではAさんが最初，次がBさん，というように書いてありますが，Webブラウザからサーバー
へのリクエストは別にどんな順番で来るかはわかりません．ここで渡している「メモ用紙」が
Cookieです．窓口の人にとっては毎回まったく個別のお客がリクエストを出してきたとしても，
このメモをみながら処理をしていけば間違えることはありません．ただし，お客が勝手に手元のメ
モ用紙を「1番，Aさん，預金引き出し，1億円用意中」など都合のよいように書き換えて窓口に
差し出したときでも，いわれるがままに処理をしたりすることのないようにしなければなりません．

### 7.3.2 Sinatra で Cookie を手軽に扱う

Cookie をまともに扱おうと思うとけっこう大変ですが，Sinatra では Cookie をより抽象的に扱う sessions というしくみが用意されています．プログラム上は `session[]` というハッシュに適当な値を代入しておけば，それらが裏ではこっそり Cookie に保存されており，ほかのページ(URL)に移動したときにも適宜引き継がれるといった具合になっています．

次の *sessiontest.rb* で，sessions の使用例を説明します．

まず，作業用に sessiontest というディレクトリを作成し，いつもどおりに用意をします．

```
$ mkdir ~/sessiontest    ← アプリケーションディレクトリを作る
$ cd ~/sessiontest       ← アプリケーションディレクトリに移動
$ bundle init            ← デフォルトの Gemfile を生成する
(Gemfile に sinatra と webrick を追加する)
$ bundle install         ← Gemfile の内容に従って gem をインストールする
```

次に，*sessiontest.rb* を作成します．

▶ *sessiontest.rb*

```
1  require 'sinatra'
2
3  set :sessions,
4    secret: 'xxx'
5
6  set :environment, :production
7
8  get '/page1' do
9    session[:message] = 'ABC'
10   redirect '/page2'
11 end
12
13 get '/page2' do
14   session[:message]
15 end
```

*sessiontest.rb* を実行してみましょう．ホスト OS の Web ブラウザから http://127.0.0.1:9998/page1 にアクセスすると，即座に /page2 にリダイレクトされますが，その際に，両者は別ページであるにもかかわらず，/page1 の中で設定した ABC という文字列が /page2 に引き継がれて表示されていることがわかるでしょうか．今度は Web ブラウザの（ここでは 127.0.0.1 からの）Cookie を

削除して[†1]，いきなり `http://127.0.0.1:9998/page2` にアクセスしてみましょう．すると，画面には何も表示されません．

*sessiontest.rb* では，まず 3 ～ 4 行目で sessions を有効にしています．Web ブラウザが /page1 にアクセスした際に，9 行目で

```
session[:message] = 'ABC'
```

というようにして，ABC という文字列を `message` という名前でハッシュ `session[]` に代入しています．ここでの message という名前に対する ABC という値の対応が，Cookie の一部として Web ブラウザを実行している PC のストレージ上に保存されます．後で /page2 にアクセスが来た場合，Sinatra が message という名前に対する値を Cookie から取り出し，出力しています[†2]．先ほど，Cookie を削除してからいきなり /page2 にアクセスしたときに画面に何も表示されなかったのは，Cookie がなかった（message という名前に対する値が存在していなかった）ことに起因しています．

1 つの Cookie に保存できるデータのサイズや，1 台のサーバーから 1 台のクライアントに対して発行できる Cookie の数には制限があります．また，1 台のクライアントが保存できる Cookie の総数にも制限があり，これを超えると古いほうから削除されますが，1 個ずつ削除されたり 30 個まとめて削除されたりと，Web ブラウザごとに挙動が異なります[12, 13]．個々の Cookie には有効期限が設定されており，期限を過ぎたものは破棄されます．

## 7.4　Cookie を中身から理解する

### 7.4.1　Cookie の中身

次に，Cookie の内容をみてみましょう．まず，Firefox のメニューボタンから［ウェブ開発］→［ウェブ開発ツール］をクリックします．Firefox のウィンドウ下部に開発ツールのタブが開かれるので，［ストレージ］をクリックします．画面左下のペインに "Cookie"，"キャッシュストレージ"，"セッションストレージ" などの項目が並んでいますが，この中から "Cookie" をクリックし，さ

---

†1　Mozilla Firefox であれば，メニューの［オプション］→［プライバシーとセキュリティ］の "Cookie とサイトデータ" セクションにある［データを消去］をクリックして，"Cookie とサイトデータ" にチェックを入れて［消去］をクリックすると，すべての Cookie が消去されます．

†2　このようなシナリオでセッションデータを引き継いでいるとすれば，Cookie の内容をうまいこと書き換えてから直接 /page2 にアクセスすれば，/page2 の表示内容を操作できることになります．しかも，Cookie はサーバー側ではなく，Web ブラウザを使っているユーザーの手元にあるので，ユーザーが Cookie を書き換えることをサーバーの管理者側が防ぐことは不可能です．

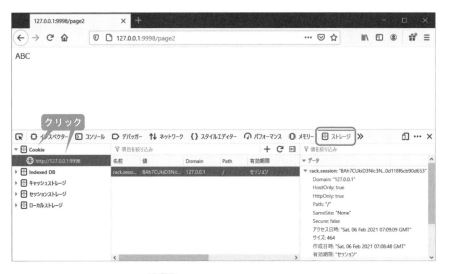

図 7.2　Firefox 85 の開発ツール

らに "http://127.0.0.1:9998" をクリックします．すると，*sessiontest.rb* で使用している Cookie
の内容が表示されます（図 7.2）．

　画面中央下のペインには "名前"，"ドメイン" などの列が並んでいますが，この中で名前が "rack.
session" の "値" 列に入っている文字列をコピーします．これが保存されているのは，Ruby のプ
ログラムを動かしているサーバー側のストレージ領域ではなく，Web ブラウザでアクセスをしか
けたユーザー側のストレージ領域であることに注意してください．

　Cookie に保存されている内容は，次のような一見意味不明のテキストです．

```
BAh7CUkiD3Nlc3Npb25faWQGOgZFVG86HVJhY2s6OlNlc3Npb246OlNlc3Npb25JZ
AY6D0BwdWJsaWNfaWRJIkUxOTQwZGY0NmMwMmQ2ODE1OWVmZDdjMGM1ZTdkOTlmZj
YzM2I2NzlhOGJlZGJiODUwM2IyNTA0MDIwMTljNjI3BjsARkkiCWNzcmYGOwBGSSI
xZkhrdUJkSWhWb01XUk5jVmFKL0dLNUJBeno3YloyRUxMZjJDDa3doYkNCMD0GOwBG
SSINdHJhY2tpbmcGOwBGewZJIhRIVFRQX1VTRVJfQUdFTlQGOwBUSSItY2RlY2VhO
TU3NDZkMTZkOGRhNzk2NTg2MmMzNjA4YmE4NzZjZWQwwYQY7AEZJIgxtZXNzYWdlBj
sARkkiCEFCQwY7AFQ%3D--5f996ba86efaa03e3e87f097a0d118f6cb90d653
```

　次の *decodecookie.rb* を用意し，6 行目の "..." の部分に上記の「意味不明のテキスト」を 1 行と
して貼り付けます（もちろん，自分自身の環境で表示されたものを使います）．

```
1  require 'cgi'
2  require 'base64'
3  require 'openssl'
4  require 'sinatra'
5
6  s = "..."
7
8  sb64, digest = CGI.unescape(s).split("--")
9  puts Marshal.load(Base64.decode64(sb64))
10 puts OpenSSL::HMAC.hexdigest(OpenSSL::Digest::SHA1.new, "xxx", sb64)
11 puts digest
```

*decodecookie.rb* を実行してみましょう.

{"session_id"=>"1940df46c02d68159efd7c0c5e7d99ff633b679a8bedbb8503b250
402019c627", "csrf"=>"fHkuBdIhVoMWRNcVaJ/GK5BAzz7bZ2ELLf2CkwhbCB0=",
"tracking"=>{"HTTP_USER_AGENT"=>"cdecea95746d16d8da7965862c3608ba876ce
d0a"}, "message"=>"ABC"}
5f996ba86efaa03e3e87f097a0d118f6cb90d653
5f996ba86efaa03e3e87f097a0d118f6cb90d653

Sinatra がセッションの引き継ぎに必要な情報とあわせて, *sessiontest.rb* の中で設定した message という名前に対して ABC という文字列が設定されていることも, いともあっさり表示できてしまいました. 現実的な Web アプリケーションで, もしここに生のパスワードやクレジットカード番号などが書き込まれていては大変なことになります. 繰り返しになりますが, Cookie 自体はユーザーの手元に保存されているので, サーバー側の関係者が「見ないでくれ」「書き換えないでくれ」といっても無駄です.

*decodecookie.rb* の内容を説明します.

**1 〜 3 行目** Cookie に保存されている文字列を意味あるデータに戻したり, (ここでは使っていませんが) その逆を行うための gem を読み込んでいます.

**6 行目** 変数 s に Cookie の内容を格納しています.

**8 行目** -- という文字列を境にして, 前のほうを sb64 という変数に, 後ろのほうを digest という変数に格納しています. 前ページの Cookie では最終行に -- があることがわかります.

**9 行目** Cookie の前半部分 sb64 から Marshal と Base64 というアルゴリズムを使って, 元データを復元して表示しています.

**10 行目** Cookie の前半部分のデータ sb64 のハッシュ値を計算して 16 進数として表示しています. hexdigest メソッドの第 2 引数の "xxx" が, ハッシュ値計算の際に使われる鍵です.

**11 行目** 元の Cookie の後半部分に付記されていたオリジナルのハッシュ値 digest を表示しています. 10 行目で計算したものと一致していることがわかります. 10 行目で使っている鍵 "xxx" は, *sessiontest.rb* を作った本人だから知りえることであり, この鍵を適当に設定してもハッシュ値は一致しません[†1].

次の例は, 10 行目の鍵を "xax" のように 1 文字だけ変えて実行した結果です.

```
{"session_id"=>"1940df46c02d68159efd7c0c5e7d99ff633b679a8bedbb8503b250
402019c627", "csrf"=>"fHkuBdIhVoMWRNcVaJ/GK5BAzz7bZ2ELLf2CkwhbCB0=",
"tracking"=>{"HTTP_USER_AGENT"=>"cdecea95746d16d8da7965862c3608ba876ce
d0a"}, "message"=>"ABC"}
f193960969c322d2b14b3d52b3a6e71b6497a5a6
5f996ba86efaa03e3e87f097a0d118f6cb90d653
```

前半部分のデータから計算されるハッシュ値 (f193...) と, データに付記されているオリジナルのハッシュ値 (5f99...) が一致しないことがわかります. ただし, この鍵が一致するかどうかと無関係に, データ本体だけは普通に読めているという点にも注意してください.

ハッシュ値を計算するための鍵を設定しない場合[†2], Sinatra によりランダムな鍵が生成されます. しかし, この鍵はアプリケーションを起動するごとに変わってしまうので注意が必要です. 後々のことも考えると, 鍵は数十文字程度の推測困難な文字列を固定でコードに埋め込んでおくのが適当でしょう.

## Sinatra の sessions の注意点

Sinatra の sessions を使う際の注意をまとめると, 次のとおりとなります.

- Cookie にはデータが平文で保存されているので, ここに生のパスワードやクレジットカード番号などの重要なデータを保存してはなりません.
- データ本体を改ざんしても, `hexdigest` メソッドでハッシュ値を計算する際の鍵がわからなければ, データ本体から計算されるハッシュ値と, データ本体に付記されているハッシュ値が一致しないので, 改ざんされていることを知ることができます.
- 鍵という言葉を使ってはいますが, それは上述のハッシュ値を計算する際に使う文字列というだけのことであって, データ本体は平文で保存されています. *decodecookie.rb* でみたように, データ本体はハッシュ値計算時の鍵がわからなくてもみることができます.

---

[†1] 当然ですが, 適当に数回試すだけで正しい鍵がみつかってしまうような簡単な鍵は避けなければなりません. この鍵がデータ漏洩を防ぐ唯一の砦です.

[†2] 鍵をわざと設定したくない場合は, *sessiontest.rb* の 4 行目をコメントアウトし, 3 行目を `set :sessions, true` とします.

### 7.4.2　Cookie の有効期限

　Cookie には有効期限を設定することができます．有効期限を過ぎた Cookie は Web ブラウザにより削除されます．具体的な時間を指定することもできますし，Web ブラウザを閉じたときに削除されるという設定もできます．*sessiontest.rb* で sessions のオプション設定をしている部分に（3〜4 行目），`expire_after: 3600` のように書いておけば，Sinatra の sessions で使われる Cookie の有効期限が 3600 秒に設定されます．このパラメータを設定しなければ，Web ブラウザを閉じたときに削除される設定となります．

```
1  set :sessions,
2    expire_after: 3600,
3    secret: 'xxx'
```

　テストとして，有効期限を 1 分に設定して *sessiontest.rb* を起動し，ホスト OS 上の Web ブラウザから `http://127.0.0.1:9998/page1` にアクセスしてみてください．Firefox なら，図 7.3 の有効期限の列で確認できます．これで 1 分間だけ有効な Cookie が作られ，/page2 にリダイレクトされます．1 分間待って，Web ブラウザの Cookie を表示させて，確かに 127.0.0.1 の Cookie が削除されていることを確かめてください．そのまま今度は直接 `http://127.0.0.1:9998/page2` のほうにアクセスしてみてください．Cookie が削除されているので，何も表示されないはずです．

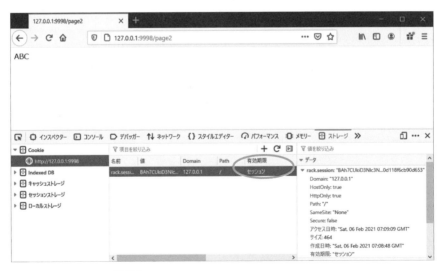

図7.3　Firefox での Cookie の有効期限表示

次に，有効期限の設定自体をコメントアウトして `http://127.0.0.1:9998/page1` にアクセスし，本節の要領で Web ブラウザの Cookie を表示させて，有効期限が「セッション」となっていることを確認してください．このような「セッション Cookie」の有効期限は，Web ブラウザを閉じるまでです[†]．そのまま何もせず数分放置してからもう一度 Cookie を表示させても，有効期限は「セッション」のままになっています．

次に，有効期限を 30 分くらいに設定してから `http://127.0.0.1:9998/page1` にアクセスし，Web ブラウザの Cookie を表示させて有効期限が現在時刻の 30 分後に設定されていることを確認してください．Web ブラウザを終了させて 30 分以内にいきなり `http://127.0.0.1:9998/page2` のほうにアクセスしてみて，どうなるかを確認してください．

### 7.4.3　Cookie を利用するうえでの注意点

Gmail や Amazon などのサイトでログインが成功したという情報は，Cookie に保存されます．ログインページから先のサービス本体のページにアクセスしたときに，Cookie にログイン成功の情報が書き込まれていれば，そのままサービスを続行すればよいですし，もし Cookie にログイン成功の情報がない状態でサービス本体のページにアクセスしようとしたら，「ログインしてください」と改めて確認するのが普通でしょう．中には，「ログインしたままにする」といったチェックボックスがログインページに設けられている Web サービスもありますが，これはログイン成功という情報を保存した Cookie をブラウザを閉じても残すようにしているのです．ログイン成功という情報を保持した Cookie の有効期間を長くすると，その情報がずっと Web ブラウザが動く PC の適当なディレクトリに保存されることになり，セキュリティ・プライバシー上のリスクとなります．かといってあまりに短く設定してしまうと，ちょっと席をはずして戻ってくるたびに再ログインを求められることになり煩わしくなります．ここではログイン情報を Cookie に含めるというシナリオで解説しましたが，そのほかの情報（買い物サイトにおけるカートの情報など）をどれくらいの期間だけ Cookie に残すかは悩みどころです．その Web アプリケーションを使うシナリオをよく検討したうえで，利便性とセキュリティ上のリスクを秤にかけ，慎重に設計する必要があります．

Cookie はユーザー側に保存されているため，閲覧と書き換えが可能です．このため，秘密情報を保持する用途には使うことができません．この観点から，Web サービスで「このユーザーはログインしている / していない」という情報を保持するために，Cookie に「Username=abcd, Login=true」のような値をセットしてはいけません．これをしてしまうと，攻撃者に適当に中身を書き換えられて，偽の Cookie でログインされてしまうことになります．本節で実験したように，

---

[†]　通常の Cookie はストレージ上に保存されますが，セッション Cookie はメモリ上に保存されるという点が異なっています．そのため，セッション Cookie は Web ブラウザを閉じると消えます．

Sinatra では Cookie に保存されているデータ自体は丸見えです．前述のように Cookie が改ざんされているかどうかはチェックサムを調べればわかるので，チェックサムが不正なものであれば，その Cookie を受け入れなければ安全です．チェックサムの計算には鍵となる文字列が必要ですので，これが漏洩しなければ，改ざんした Cookie の正確なチェックサムを計算することは基本的に攻撃者にはできません．Sinatra ではチェックサムの検証が自動で行われるので，Sinatra のプログラム上で読み込むことができた Cookie は，書き換えられていないと判断して差し支えありません．

## 7.5　セッション ID

　ここで，「セッション ID」についても説明しておきます．情報を Cookie に直接埋め込む代わりに，7.3 節での銀行窓口の例における整理番号のようなものを，セッション ID といいます．これを使い，実際の処理内容はサーバー側で管理するという実装がよく使われます．Cookie にはこのセッション ID のみを保存しておき，Web ブラウザがアクセスのたびにこの番号をサーバーに提示することにします．サーバー側では，ABCD というセッション ID が来たらこの情報，EFGH というセッション ID が来たらこの情報，というように，セッション ID に紐付けたオブジェクトを生成してアクセスをさばきます．十分に複雑なセッション ID が使われて適切に管理されるのであれば，Cookie の内容を直に書き換えるといったことはできなくなります．

　セッション ID は，

- 第三者からセッション ID を推測できないこと
- 第三者からセッション ID を強制されないこと
- 第三者にセッション ID が漏洩しないこと

という要件を満たすことが必要です[†]．

　1 番目は，連番のようなものではなく，十分な長さをもった高品質な乱数を使うということです．たとえば，連番であれば，他人が認証済みのセッション ID を推測することが容易であり，手元の Cookie のセッション ID を適当に書き換えて，認証済みユーザーとしてログインすることができてしまうことになります．また，低品質の乱数は次に来る値を推測することがそれほど難しいことではありません．

　2 番目は，認証手続き後にセッション ID を違うものに更新すべきということです．たとえば，攻撃者が Web サービスの有効なセッション ID を得たとします．次に，この攻撃者が Web サービ

---

[†]　この周辺をはじめとして，Web アプリケーションの開発をする際は文献[15]を一読しておくことをお勧めします．危険性について大変わかりやすくまとめられています．

スのふりをして，アクセスしてきた第三者に「あなたのセッション ID はこれです」と自分がもっているセッション ID を渡して（強制して）しまいます．この第三者が普通にログインを済ませて「ログイン済み」のフラグが立ったところで攻撃者が同じセッション ID でアクセスをしかけます[†]．これを回避するには，一度発行したセッション ID を固定化してずっと使い回すのではなく，認証が済んだタイミングでセッション ID を発行し直すという手段をとるようにします．これならば，先の攻撃者がログイン済みと判断されることはありません．

3番目は，通信に HTTPS を使いましょうということです．telnet でのアクセス例をみるまでもなく，HTTP でやりとりされる情報はすべて平文であり，暗号化は一切されていません．もちろん，Cookie を含む IP パケットが盗聴されていれば，そこに書かれているセッション ID を盗み取ることは容易です．

---

[†] これを「セッション ID の固定化攻撃 (session fixation attack)」といいます．

# 掲示板 Web アプリを完成させよう
## ― より実用的な Web アプリ ―

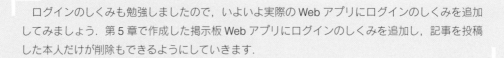

☑ Web アプリにパスワード認証のしくみを追加する

☑ 掲示板のデータベースを設計する

☑ 掲示板 Web アプリを作る

☑ Web アプリの脆弱性について理解する

☑ Sinatra でファイルの送受信を作る

☑ 画像掲示板 Web アプリを作る

目標

ログインのしくみも勉強しましたので，いよいよ実際の Web アプリにログインのしくみを追加してみましょう．第 5 章で作成した掲示板 Web アプリにログインのしくみを追加し，記事を投稿した本人だけが削除もできるようにしていきます．

## 8.1　Web アプリにログイン機能をつける

ここまででユーザー認証のしくみはできたので，ここに GUI をつけてみましょう．本節でログイン機能の基本を作成し，ログイン機能の動作を確認できたところで，8.2 節で掲示板アプリに合体させていきます．

### 8.1.1　パスワードデータベースとの合わせ技

まともなユーザー認証のしくみを取り込むと，第 6 章でみたように，それだけでとても複雑なものになってしまうので，ここではユーザー認証のしくみ自体はばっさり簡略化して作ることにして，GUI のかぶせ方に集中することにします．

GUI のログインページを備えた Web アプリケーションとして，Jmail という Web メールサービスを想定します．いつものとおり，作業用ディレクトリを作るところから始めます．

```
$ mkdir ~/Jmail    ← アプリケーションディレクトリを作る
$ cd ~/Jmail       ← Jmail ディレクトリに移動
$ bundle init      ← デフォルトの Gemfile を生成する
(Gemfile に sinatra と webrick を追加する)
$ bundle install   ← Gemfile の内容に従って gem をインストール
$ mkdir views      ← views ディレクトリを作る
```

次に，必要なファイルを作成します．

▶ *jmail.rb*

```ruby
1  require 'sinatra'
2
3  set :environment, :production
4
5  set :sessions,
6    expire_after: 7200,
7    secret: 'abcdefghij0123456789'
8
9
10 get '/' do
11   redirect '/login'
12 end
13
14
15 get '/login' do
16   erb :login
17 end
18
19
20 post '/auth' do
21   username = params[:uname]
22   pass = params[:pass]
23
24   if ((username == "foo") && (pass == "bar"))
25     session[:login_flag] = true
26     session[:testdata] = "Brontosaurus"
27     redirect '/contentspage'
28   else
29     session[:login_flag] = false
30     redirect '/failure'
31   end
32 end
33
34
35 get '/contentspage' do
36   if (session[:login_flag] == true)
```

```
37      @a = session[:testdata]
38      erb :contents
39    else
40      erb :badrequest
41    end
42  end
43
44
45  get '/logout' do
46    session.clear
47    erb :logout
48  end
49
50
51  get '/failure' do
52    erb :loginfailure
53  end
```

▶ ./views/layout.erb

```
1   <html>
2   <head>
3   <title>Jmail</title>
4   </head>
5
6   <body>
7   <center>
8   <h2>Jmail</h2>
9   </center>
10
11  <%= yield %>
12
13  </body>
14  </html>
```

▶ ./views/contents.erb

```
1   This is main contents page.<br>
2   Test data = <%= @a %><br>
3
4   <a href="/logout">logout</a>
```

▶ ./views/login.erb

```
1   Enter your username and password.<br>
2
3   <form action="/auth" method="post">
4   Username: <input type="text" name="uname" size="40" maxlength="20"><br>
```

```
5   Password: <input type="password" name="pass" size="40" maxlength="30"><br>
6   <br>
7   <input type="submit" value="Login">
8   <input type="reset" value="Reset">
9   </form>
```

▶ ./views/logout.erb

```
1   User has logged out.<br>
2
3   <a href="/login">Back to login screen.</a>
```

▶ ./views/loginfailure.erb

```
1   Login failed.<br>
2
3   <a href="/login">Back to login screen.</a>
```

▶ ./views/badrequest.erb

```
1   Bad request. Please login this service first.<br>
2
3   <a href="/login">Back to login screen.</a>
```

- *jmail.rb* … メインのプログラムです.
- *layout.erb* … すべてのページの下敷きとして使われる erb ファイルです.
- *contents.erb* … ログインに成功したときに表示されるメインのコンテンツのページですが, いまは何もありません.
- *login.erb*, *logout.erb* … それぞれログインとログアウトの画面です.
- *loginfailure.erb* … ログインに失敗した画面です.
- *badrequest.erb* … ログインしていないのにログインが必要なページにアクセスしたときの 画面です.

　ここまで正しく入力できたら, 内容の説明は次項以降で行うことにして, ひとまず動作させて機能を概観してみることにします.

　まず, ゲスト OS 上でいつものように *jmail.rb* を起動します. 次に, ホスト OS の Web ブラウザから http://127.0.0.1:9998/ にアクセスをしかけてみます. *jmail.rb* の 10 ～ 12 行目によって自動的に http://127.0.0.1:9998/login にリダイレクトされて, ログイン画面 (図 8.1) が表示されます.

図 8.1　Jmail のログイン画面

図 8.2　Jmail のコンテンツページ

　前述のように，本当はきちんとログイン機能を作り込みたいところですが，今回はそちらがメインではないので省略します．図 8.1 の Username に foo，Password に bar を入力して [Login] ボタンをクリックしてください†．ログインが成功すると，図 8.2 の画面になります．ここには本来，Web メールサービスのコンテンツ本体を作り込んでいくことになりますが，今回はテストデータとして "Brontosaurus" という文字列が表示されているだけです．同じく図 8.1 に表示されている [Reset] をクリックすると，入力フォームの内容がクリアされます．

　図 8.2 で "logout" をクリックすると，図 8.3 の画面になりログアウトが完了します．

　ログイン画面（図 8.1）でユーザー名かパスワードを間違えて入力すると，図 8.4 のようにログイン失敗の画面が表示されます．

　ログインしていない状態でいきなりコンテンツページ(`http://127.0.0.1:9998/contentspage`)にアクセスしようとすると，図 8.5 のようにエラーが表示されます．

　ここまでで動作テストができたので，以降でプログラムの解説をしていきます．

---

†　foo, bar は，日本で情報系の人間がよく使う hoge みたいなものです．定義については RFC3092 [16] を参照してください．

図 8.3　ログアウト画面

図 8.4　ログイン失敗の画面

図 8.5　未ログイン状態でいきなりコンテンツページにアクセスしようとした場合

## 8.1.2　ログインフォーム

図 8.1 は Jmail のログイン画面です．ここでの表示内容は *login.erb* の中身でほぼすべてです．

*login.erb* にはフォーム `<form ...>` ～ `</form>` が 1 つあり，その中にテキストボックスが 2 つとボタンが 2 つ並んでいます．HTML のテキストボックスは通常，

```
<input type="text" name="id" size="40" maxlength="20">
```

のようにしますが，パスワードのように入力文字を伏せて表示させたいときは type として password を指定し，

```
<input type="password" name="pass" size="40" maxlength="100">
```

のようにします．Web ブラウザ上での見た目は伏せ字になっていても，内部では入力どおりの文字列が保持されており，入力フォームの POST をしたときにはパスワードの文字列が暗号化されずに平文で送られていることに注意が必要です．ここの通信内容を盗聴されてしまうとパスワードがみえてしまうことになるので，本来ならばログインページにはプロトコルとしては HTTPS を使う必要があります[†]．

　*login.erb* では <form ...> ～ </form> の action が "/auth"，method が post になっているので，submit が設定されたボタン (Login) をクリックすると，テキストボックスに入力された内容が /auth という URL に投稿されます．それぞれのテキストボックスに名前（uname と pass）がついているので，受け側でこの名前をもとにユーザー認証を行います．type として reset が設定されているボタン (Reset) も並んでいます．これは，入力フォームの内容を消去する特別なボタンです．

### 8.1.3　Login ボタンをクリックした後の処理

　ユーザー名とパスワードは，*login.erb* の中から http://127.0.0.1:9998/auth に暗号化されずにそのまま送られます．*jmail.rb* の 20 行目でこれを受け取り，以降の処理を受け持ちます．

**21 ～ 22 行目**　ログイン画面で入力された内容を受け取ります．*login.erb* の中のテキストボックスでユーザー名は uname，パスワードは pass という名前をつけてあるので，params[] の引数としてこれらを渡せばよいことになります．

**24 ～ 27 行目**　ログインの成否を判定します．今回は簡略化していますが，本来は 6.4 節で作ったようにきちんとやらなければなりません．ユーザー名とパスワードの組み合わせが正しければ，ログイン成功です．Sinatra の sessions を使って状態を別のページに引き継ぎます．ここでは，ログインしているという状態を表す login_flag と，本書の後半で実験するためのテスト用の文字列 testdata を保存してから，27 行目で Jmail のメインページ (/contentspage) へ転送しています．

**29 ～ 30 行目**　もしユーザー名とパスワードの組み合わせが正しくなければ，session の login_flag には false を設定してログイン失敗を通知するページ (/failure) へ転送します（図 8.4）．*loginfailure.erb* 自体は単なるエラーメッセージ表示とログインページへのリンクがあるだけ

---

[†]　HTTPS (HTTP Secure) は，HTTP による通信をすべて暗号化するプロトコルです．通信を盗聴されても解読される心配がなくなります．

です．ここでは"Login failed."とだけ表示していますが，このメッセージも少々慎重に検討しておいたほうがよいでしょう．「そのユーザーは存在しません」「パスワードが間違っています」といったエラーメッセージは，攻撃者に対して「ふむふむ，少なくともこのユーザーアカウントが存在していて，あとはパスワードをなんとかすればログインできるな」といったような情報を与えてしまうことになります．

**35 〜 42 行目**　Jmail のメインページ (/contentspage) の処理です．ここでは session の `login_flag` をみて，ログイン中であれば 26 行目で設定した testdata の値を *contents.erb* で引き継いで表示しています（図 8.2）．*contents.erb* は本来なら Web メールのサービス本体を置く場所ですが，今回は作り込んでも無意味なので単純に作ってあります．ログインしていない状態でいきなり /contentspage に飛んで来た場合は，*badrequest.erb* を表示するようにしています（40 行目）．これが図 8.5 です．

### 8.1.4　ログアウトやログイン失敗の処理

*jmail.rb* の 45 行目で /logout へのアクセスを受け取り，ログアウト処理はすべて /logout へのアクセス内で処理しています．画面表示自体は *logout.erb* に書かれています．

いわゆるログアウト処理では，安全のためにセッションを破棄する必要があります．Sinatra では

```
session.clear
```

という 1 行で現在（Web ブラウザ側で）利用中のセッションを破棄することができます．セッションを破棄した後，ログアウトしたことをユーザーに伝え，ログイン画面にリダイレクトすればよいでしょう．ログアウトを実行する前と後のそれぞれ Cookie を表示させて，セッションクリアの影響をみてみてください．

ログインに失敗したときには，そのことを伝えるエラーページを表示すべきです．51 行目で /failure へのアクセスを受け取り，ログイン失敗を伝える内容が書かれた *loginfailure.erb* を表示しています．

## 8.2　Cookie を書き換える実験

Cookie にはデータが暗号化されずに記録されているうえに，生データをどのようにエンコードして Cookie に納めるかについても公開されているので，基本的にユーザー側で読み書きが可能です．*jmail.rb* においても，ログイン中かどうかを表す `login_flag` をうまいこと true にできてしま

えば（36 行目のチェックさえ突破できれば），ユーザー名やパスワードを入力せずともコンテンツのメインページ（図 8.2）にアクセスできてしまうのではないでしょうか？

　ここではテストとして，*jmail.rb* の 26 行目で設定して，/contentspage に転送した後で表示している testdata の "Brontosaurus" を，こっそりと "Apatosaurus" に差し替えてみます．まず，その差し替えを行った値に Cookie の値を変更する，次の *encodecookie.rb* を用意してください．

▶ *encodecookie.rb*

```
1   require 'cgi'
2   require 'base64'
3   require 'openssl'
4   require 'sinatra'
5
6   s = "..."
7
8   sb64, digest = CGI.unescape(s).split("--")
9   t = Marshal.load(Base64.decode64(sb64))
10  t["testdata"] = "Apatosaurus"
11
12  a = Base64.encode64(Marshal.dump(t))
13  b = OpenSSL::HMAC.hexdigest(OpenSSL::Digest::SHA1.new, "abcdefghij012345678
    9", a)
14  c = CGI.escape(a + "--" + b)
15  puts c
```

　次に，*jmail.rb* を起動します．http://127.0.0.1:9998/ を Web ブラウザで開き，ユーザー名 foo，パスワード bar でログインをして Jmail のコンテンツページ（図 8.2）を表示させてください．この時点で，画面上には図 8.2 のように "Test data = Brontosaurus" と表示されているはずです．次に，Web ブラウザを出しっぱなしにした状態で，7.4 節と同様の方法で Cookie の値をコピーし，*encodecookie.rb* の 6 行目の s = "..." の部分に貼り付けてください．*encodecookie.rb* を実行すると，やはり意味不明な文字列が表示されるので，これを再度，先ほどの "rack.session" の "値" のところに書き戻して[†]，http://127.0.0.1:9998/contentspage へ再度アクセスしてください．さて，表示が Brontosaurus から Apatosaurus に書き換わったでしょうか．

　*encodecookie.rb* の解説をしましょう．

**1 〜 3 行目**　Cookie に保存されている文字列を意味あるデータに戻したり，その逆を行うための gem を読み込んでいます．

**6 行目**　ここで Cookie の内容を s に代入します．

---

　†　Windows のコマンドプロンプトからそのままコピー & ペーストをすると，改行が入ってしまいます．本来は論理的に先頭から末尾まで改行なしの 1 行でなければならないので，いったんテキストエディタに貼り付けて 1 行につなぎ直したうえで，Web ブラウザ側に戻してやる必要があります．

**8 ～ 10 行目**　8 行目でデータ本体 (`sb64`) とチェックサム (`digest`) に分離し，9 行目でデータ本体を復元して `t` に代入しています．このうち，`testdata` というデータを 10 行目で書き換えています．

**12 ～ 15 行目**　書き換え後の `t` をエンコードしてチェックサムも再計算して，Cookie として貼り付けられる形にしています．処理の詳細はここではあまり重要ではないので，眺める程度でOK です．ただ，簡単なプログラム 1 つで Cookie の内容を書き換えて，Web アプリケーションをいとも簡単にだませてしまうということがわかりました．

　ここでは目で見てわかるような単なるメッセージ書き換えの実験でしたが，これが不正ログインや金銭が絡む不正に使われては大変です．今回の書き換え実験で重要なのは，*encodecookie.rb* の13 行目で，チェックサムの計算時に "abcdefghij0123456789" という鍵が使われていることです．これは *jmail.rb* の 7 行目で設定されている鍵と同じですが，通常は（希望的観測かもしれませんが）攻撃者にはわかりません．

　次に，攻撃者がこの鍵を知らなかった場合の実験をしてみましょう．通常どおりに *jmail.rb* を起動し，Web ブラウザでアクセスしてログインし，Jmail のコンテンツページ（図 8.2）を表示させます．Cookie を表示させ，値を *encodecookie.rb* の 6 行目に貼り付けてください．ここまでは先ほどと同じです．次に，*encodecookie.rb* の 14 行目で，でたらめな鍵を適当に設定してから，Cookie の値を再計算させ，出てきた値を web ブラウザ側の Cookie に貼り付けます．これで`http://127.0.0.1:9998/contentspage` にアクセスするとどうなるでしょうか．

　この場合，*jmail.rb* の 36 行目のチェックで弾かれて，図 8.5 の状態になります．Cookie に記述されているチェックサムの値が，*jmail.rb* の sessions の中で使っている鍵で再計算したものと異なるため，36 行目で参照している `session[:login_flag]` の値が正しく設定されていないのです（具体的に中身がどうなっているか，`puts` で表示させてみてください）．

　このように，Cookie の中身は容易に閲覧が可能で，小さなプログラムを作れば書き換えも簡単です．書き換えによる不正を防ぐことは，「プログラムの中でチェックサムの計算に使う鍵が攻撃者に漏洩しない」という一点にかかっています．ただし，本書での話は「少なくとも Sinatra では」というただし書きをつけるべきでしょう．本質的なことは変わりませんが，フレームワークなどの実装により個々の事情があるので，きちんと調べたうえで安全を確保するように設計・実装をしてください．

## 8.3　掲示板アプリとユーザー管理

　ここまで学習したユーザー管理の基本形を流用して，次に掲示板アプリを改良し，書き込んだ本

人しか削除できないようにします. アプリ名は SimpleBBS としましょう.

```
$ mkdir ~/SimpleBBS     ← アプリケーションディレクトリを作る
$ cd ~/SimpleBBS        ← SimpleBBS ディレクトリに移動
$ bundle init           ← デフォルトの Gemfile を生成する
(Gemfile に sinatra と webrick と activerecord と sqlite3 を追加する )
$ bundle install        ← Gemfile の内容に従って gem をインストール
$ mkdir views           ← views ディレクトリを作る
```

### 8.3.1 ログイン画面から作成

まずは, 8.1 節で作った Jmail のものを流用してログイン画面から作っていきます.

▶ *simplebbs.rb*

```
 1  require 'sinatra'
 2
 3  set :environment, :production
 4
 5
 6  get '/' do
 7    redirect '/login'
 8  end
 9
10
11  get '/login' do
12    erb :login
13  end
```

▶ *./views/layout.erb*

```
 1  <html>
 2  <head>
 3  <title>Simple BBS</title>
 4  </head>
 5
 6  <body>
 7  <center><h2>Simple BBS</h2></center>
 8  <p>
 9  <%= yield %>
10  </body>
11  </html>
```

```
1  Enter your username and password.<br>
2
3  <form action="/auth" method="post">
4  Username: <input type="text" name="uname" size="30" maxlength="20"><br>
5  Password: <input type="password" name="pass" size="30" maxlength="20"><br>
6  <br>
7  <input type="submit" value="Login">
8  <input type="reset" value="Reset">
9  </form>
```

*simplebbs.rb* がメインのプログラムで，*layout.erb* はすべてのページの下敷きとして使われる erb ファイルです．*login.erb* はログインの画面です．

　これで実行します．図 8.6 のような画面になったでしょうか．まだ見た目だけですが順番に作っていきましょう．

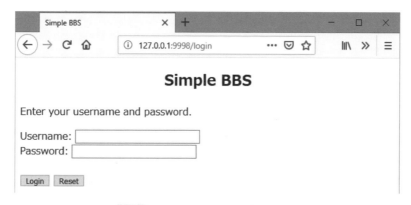

図8.6　SimpleBBS のログイン画面

## 8.3.2　データベースの準備

　次に，SQLite のデータベースを準備します．パスワードなどユーザー情報を保持する account と掲示板の書き込みデータを保持する bbsdata の 2 つのテーブルを作成します．それぞれの仕様を表 8.1 と表 8.2 に示します．

　テストのため，最初から表 8.3 のユーザーを登録しておきます．パスワードやソルトは適当に決めたものです．パスワードはそのままデータベースには登録せず，パスワードとソルトを結合したものから SHA-256 ハッシュ値を計算し，その値を登録しておくことにします．そこで，表 8.3 のハッシュ値は次のようにして手動で計算しておきます．

表8.1 account テーブル

| キー | 定義 | 内容 |
| --- | --- | --- |
| id | varchar(20), primary key | ユーザー名 |
| hashed | varchar(70) | ハッシュ化された<br>パスワード |
| salt | varchar(10) | ソルト |

表8.2 bbsdata テーブル

| キー | 定義 | 内容 |
| --- | --- | --- |
| id | integer, primary key | 書き込み番号 |
| userid | varchar(20) | ユーザー名 |
| entry | varchar(150) | 書き込んだ文章 |
| writedate | integer | 書き込んだ日時 |

表8.3 SimpleBBS の初期登録ユーザー

| ユーザー名 | パスワード | ソルト |
| --- | --- | --- |
| diplo | abcd | PQ |
| allo | efgh | RS |

```
$ echo -n "abcdPQ" | sha256sum ← abcdPQ という文字列のハッシュ値を計算
7fba80a3642579984776939f13f769254fe1db36e9ca41d7b598e2c1d93ec52a -
$ echo -n "efghRS" | sha256sum
d12354b521bdc4bcd0de3959a378176112ef3e4d5343ba887c276d13d6d76e61 -
```

echo は渡された文字列をそのまま表示する命令（シェルの内部コマンド）です． -n をつけない
と文字列の終わりに改行をつけるため，改行コードまで含めて SHA-256 ハッシュ値が計算されて
しまいます．実際のパスワードは改行コードは含まれないので，-n で改行コードが echo から出
力されないようにします．行末の "-" は，入力データをファイルからではなく標準入力から受け
取ったという記号ですので無視してください．以上をまとめて，データベースの初期化用の命令を
まとめたものが次の *dbinit.sq3* です．15 行目と 16 行目の長い文字列は，先ほど計算した SHA-
256 ハッシュ値を貼り付けてください．

▶ *dbinit.sq3*

```
1  create table bbsdata (
2    id integer primary key,
3    userid varchar(20),
```

```
 4    entry varchar(150),
 5    writedate integer
 6  );
 7
 8
 9  create table account (
10    id varchar(20) primary key,
11    hashed varchar(70),
12    salt varchar(10)
13  );
14
15  insert into account values ('diplo', '7fba80a3642579984776939f13f769254fe1d
    b36e9ca41d7b598e2c1d93ec52a', 'PQ');
16  insert into account values ('allo', 'd12354b521bdc4bcd0de3959a378176112ef3e
    4d5343ba887c276d13d6d76e61', 'RS');
```

これを sqlite3 に流し込んで，データベースファイル **bbs.db** を作成します．

```
$ sqlite3 bbs.db < dbinit.sq3 ← bbs.db を開いて dbinit.sq3 のコマンドを実
                                 行して終了
```

データベースと Ruby プログラムの接続用に YAML ファイルを用意します．2 行目と 3 行目の冒頭の半角スペース 2 つを忘れないようにしましょう．

▶ *database.yml*

```
1  development:
2    adapter: sqlite3
3    database: bbs.db    → 行頭に半角スペース 2 つ
```

### 8.3.3 ログイン機能の作成

8.3.1 項で作った *simplebbs.rb* に機能を加えていきます．

ActiveRecord と SHA-256 ハッシュ値の計算用の gem を *simplebbs.rb* の冒頭で require する命令を追加します．後でログイン状態の保持に使うため，sessions の機能もここで有効にしておきます．

```
1  require 'active_record'
2  require 'digest/sha2'
3
4  set :sessions,
5    expire_after: 7200,
6    secret: 'abcdefghij0123456789'
```

173

ActiveRecord でデータベースにアクセスするために YAML ファイルを読み込んで，BBSdata と Account のクラスを作成する命令を *simplebbs.rb* に追加します．

```
1   ActiveRecord::Base.configurations = YAML.load_file('database.yml')
2   ActiveRecord::Base.establish_connection :development
3
4   class BBSdata < ActiveRecord::Base
5     self.table_name = 'bbsdata'
6   end
7
8   class Account < ActiveRecord::Base
9     self.table_name = 'account'
10  end
```

8.3.1 項で作成した *./views/login.erb* は，ユーザー名とパスワードを入力して [Login] ボタンをクリックすると，フォームから情報が /auth に post されるようになっています．/auth の中でユーザー名とパスワードを受け取り，ログインの成否を判断します．ログインが成功したらログイン状態を表すために，sessions で username というキーのハッシュにユーザー名を設定してから /contents に移動させます†．ログインが失敗したら /loginfailure に移動させます．

```
1   post '/auth' do
2     user = params[:uname]
3     pass = params[:pass]
4
5     r = checkLogin(user, pass)
6
7     if r == 1
8       session[:username] = user
9       redirect '/contents'
10    end
11
12    redirect '/loginfailure'
13  end
```

5 行目で呼び出している checkLogin は，次のように，ユーザー名とパスワードを渡すと account データベースと照合して結果を返すメソッドです．正しいユーザー名とパスワードならば 1 を，パスワードが間違っていれば 0 を，ユーザー名が存在しなければ 2 を，それぞれ返します．

---

† 8.2 節でみたように Cookie の中身は容易にのぞき見ることができますが，Sinatra の sessions で使用している鍵の文字列（ここでは abcdefghij0123456789）がわからなければ，書き換えた Cookie を Sinatra に受け入れさせることはできません．そのため，悪意のあるユーザーがここのユーザー名を書き換えて別のユーザーとしてログインすることは基本的にできないことになります．サーバーで生成した乱数を Cookie に保存しておいて，それが一致すればログイン中であると判定するなど，より高い安全性を実現する実装方法もあります．

```
1   def checkLogin(trial_username, trial_password)
2     r = 0 # login failure
3
4     begin
5       a = Account.find(trial_username)
6       db_username = a.id
7       db_salt = a.salt
8       db_hashed = a.hashed
9       trial_hashed = Digest::SHA256.hexdigest(trial_password + db_salt)
10
11      if trial_hashed == db_hashed
12        r = 1  # login success
13      end
14    rescue => e
15      r = 2    # unknown user
16    end
17
18    return(r)
19  end
```

最後に，ログアウトの画面 /logout とログイン失敗の画面 /loginfailure（図 8.7）を作成します．いずれもこのタイミングでセッションをクリアしておきます．

図 8.7　SimpleBBS のログイン失敗画面

▶ ./views/logout.erb

```
1   User has logged out.<br>
2
3   <a href="/login">Back to login screen.</a>
```

▶ ./views/loginfailure.erb

```
1   Login failed.<br>
2
3   <a href="/login">Back to login screen.</a>
```

*simplebbs.rb* には次の命令を追加します.

```ruby
get '/logout' do
  session.clear
  erb :logout
end


get '/loginfailure' do
  session.clear
  erb :loginfailure
end
```

　さて，この状態から，表 8.3 のユーザー名とパスワードでログインの実験をしてみましょう. 存在しないユーザー名や間違ったパスワードを入力したときに正しくログイン失敗の処理が行われるでしょうか. ログインに成功しても移動した先で図 8.8 のようなエラーになりますが，まだ/contents が存在していないのでこれは正常です.

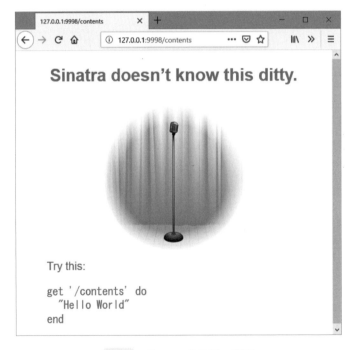

図 8.8　Sinatra のエラー画面

### 8.3.4 一覧表示機能の作成

ログインに成功したら /contents に移動します．まず，既存の書き込みを一覧表示する機能を作りましょう．

ユーザーの利便性のため，ページ冒頭に

```
Hello, xxx.
```

のようにユーザー名を表示するようにします．ログアウトへのリンクもここに盛り込んでおきましょう．

書き込みの一覧は HTML の表形式で作成するとします．/contents の erb ファイルは次のようになります．

▶ *./views/contents.erb*

```
1  Hello, <%= @u %> (<a href="/logout">logout</a>)
2  <p>
3
4  <table>
5  <%= @t %>
6  </table>
```

*contents.erb* の 5 行目で変数 @t を埋め込んでいますから，Ruby プログラムでデータベースの書き込み内容を拾い出して表形式の HTML を @t に作ればよいことになります．書き込み 1 件分を表形式で並べるときの配置は，ここでは図 8.9 のようにすることにします．

| 書き込み番号 | ユーザー ID | 書き込み日時 |
|---|---|---|
| 書き込み内容 | | |

図 8.9　書き込み 1 件分の表の構造

次の命令を *simplebbs.rb* に追加します．

```
1  get '/contents' do
2    @u = session[:username]
3    if @u == nil
4      redirect '/badrequest'
5    end
6
7    a = BBSdata.all
8    if a.count == 0
```

```
 9       @t = "<tr><td>No entries in this BBS.</td></tr>"
10     else
11       @t = ""
12       a.each do |b|
13         @t = @t + "<tr>"
14         @t = @t + "<td>#{b.id}</td>"
15         @t = @t + "<td>#{b.userid}</td>"
16         @t = @t + "<td>#{Time.at(b.writedate)}</td>"
17         @t = @t + "</tr>"
18         @t = @t + "<tr><td colspan=\"3\">#{b.entry}</td></tr>\n"
19       end
20     end
21
22     erb :contents
23   end
```

　ログインをしていないユーザーが /contents を閲覧できないように，冒頭でチェックしています．もしログイン状態でなければ，次の /badrequest に転送するようにしています．

▶ ./views/badrequest.erb

```
1   Bad request. Please login this service first.<br>
2
3   <a href="/login">Back to login screen.</a>
```

　*simplebbs.rb* 追加分の 7 行目で，bbsdata テーブルの内容をすべて変数 a に取得します．書き込みが 1 件もなければその旨を表示します．書き込みが 1 件でもあれば 1 レコードずつ取り出して，表 8.2 と図 8.9 を対応づけながら表として HTML を変数 @t に作っていきます．書き込み日時は表 8.2 によれば整数で保存されていますから，16 行目では Time クラスの at メソッドを使って読みやすい形式に変換しています．

　書き込んだ文章は比較的長いので，図 8.9 のように表の 2 行目をすべて使って表示するようにします．1 行目には 3 つのセルがありますから，これを貫通させて 1 つのセルにするために，18 行目で colspan="3" というオプションを <td> タグの中に入れます．

　現時点では書き込みが 1 件もないので，図 8.10 のようになります．

図 8.10    SimpleBBS の書き込み一覧画面

### 8.3.5  書き込み機能の作成

　次に，書き込み機能を追加します．まず，*./views/contents.erb* の末尾に次の命令を追加します．これで /contents に書き込み用のフォームが表示されます．

```
1  <form method="post" action="/new">
2  <input type="text" name="entry" size=50 maxlength=100><br>
3  <input type="submit" value="Go">
4  </form>
```

　フォームからの投稿を受け取ってデータベースに反映する機能を *simplebbs.rb* に追加しましょう．既存の書き込みの中で最大の書き込み番号を調べ，その書き込み番号 +1 の書き込みとして，テキスト入力欄の内容をデータベースに保存します．このとき，ログイン中であったユーザー名と日時（を to_i メソッドで整数化したもの）も表 8.2 にあわせて保存します．保存が終わったら，再度 /contents にリダイレクトして書き込み内容を画面に反映させます．

```
1   post '/new' do
2     maxid = 0
3     a = BBSdata.all   # すべての書き込みの中から
4     a.each do |b|     # id の最大値を調べる
5        if b.id > maxid
6        maxid = b.id
7      end
8     end
9
10    s = BBSdata.new
11    s.id = maxid + 1   # 既存の書き込みの最大の id+1 を新しい id に使う
12    s.userid = session[:username]
13    s.entry = params[:entry]
14    s.writedate = Time.now.to_i
15    s.save
```

```
16
17    redirect '/contents'
18  end
```

　ここまでで実行してみると，図 8.11 のようになります．ユーザー名を変えて何件か書き込みを試したものが図 8.12 です．書き込み番号が 1,2,3 と順番に増えており，書き込んだユーザー名と書き込み日時も書き込み内容と同時に表示されています．

図 8.11　SimpleBBS の書き込みフォーム

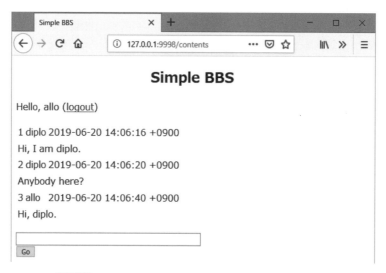

図 8.12　SimpleBBS で書き込みを何件かしてみたところ

### 8.3.6 削除機能の作成

書き込みの削除機能を追加します．ただし，ログイン中のユーザー名を調べて，自分の書き込み以外は削除できないようにします．

8.3.4 項で，書き込みを一覧表示する部分を作成しました．177 ページで *simplebbs.rb* に追加した命令のうち，12 ～ 19 行目を以下のように変更します．

```ruby
1  a.each do |b|
2    @t = @t + "<tr>"
3    @t = @t + "<td>#{b.id}</td>"
4    @t = @t + "<td>#{b.userid}</td>"
5    @t = @t + "<td>#{Time.at(b.writedate)}</td>"
6    if b.userid == @u
7      @t = @t + "<td><form action=\"/delete\" method=\"post\">"
8      @t = @t + "<input type=\"hidden\" name=\"id\" value=\"#{b.id}\">"
9      @t = @t + "<input type=\"hidden\" name=\"_method\" value=\"delete\">"
10     @t = @t + "<input type=\"submit\" value=\"Delete\"></form></td>"
11   else
12     @t = @t + "<td></td>"
13   end
14   @t = @t + "</tr>"
15   @t = @t + "<tr><td colspan=\"4\">#{b.entry}</td></tr>\n"
16 end
```

書き込みを 1 件ずつ HTML の表形式にしていく際に，書き込んだときのユーザー名（表 8.2 の userid）と現在ログイン中のユーザー名を比較し，同じであれば 1 つセルを追加して削除のためのボタンを表示します．そうでなければ空欄のセルを作ります．削除用のボタンの作りは 5.10 節と同じです．書き込み記事の ID を隠し要素として保持しておいて，/delete という URL に DELETE メソッドで送信するようになっています．ボタン 1 つだけですが，これが独立したフォームになっており，書き込み 1 件ごとにこのフォームが追加されることで，書き込みの削除ボタンができています．

削除ボタン（あるいは空欄）をセルの 1 つとして追加しているので，表の 1 行目には 4 つのセルがあります．このため，表の 2 行目の書き込み記事は colspan="3" から colspan="4" に変更します（15 行目）．図 8.13 のようにボタンが表示されましたか？ 別のユーザーとしてログインすると図 8.14 のようになり，削除ボタンの表示される場所が変化しています．

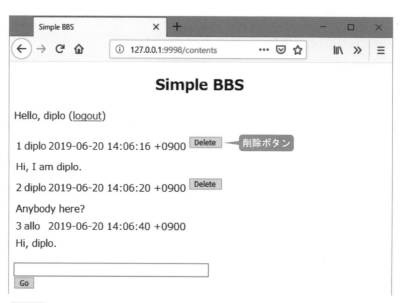

図 8.13　SimpleBBS に削除ボタンを追加（ユーザー diplo でログインしたとき）

図 8.14　SimpleBBS に削除ボタンを追加（ユーザー allo でログインしたとき）

最後に，削除ボタンからの投稿を受け取って，当該 ID のレコードを削除する命令を *simplebbs. rb* に追加します．

```
1  delete '/delete' do
2    s = BBSdata.find(params[:id])    # 当該 ID のレコードを探す
3    s.destroy                        # みつかったら削除する
4    redirect '/contents'            # 削除した状態を表示し直す
5  end
```

これでできあがりです．図 8.13 の状態から書き込み番号 2 を削除したのが図 8.15 です．

図 8.15　SimpleBBS で書き込みを 1 件削除

最後に，プログラム全体を掲載します．

▶ *simplebbs.rb*（完成版）

```
1  require 'sinatra'
2  require 'active_record'
3  require 'digest/sha2'
4
5  set :environment, :production
6
7  set :sessions,
8    expire_after: 7200,
9    secret: 'abcdefghij0123456789'
10
11  ActiveRecord::Base.configurations = YAML.load_file('database.yml')
12  ActiveRecord::Base.establish_connection :development
```

```ruby
13
14
15  class BBSdata < ActiveRecord::Base
16    self.table_name = 'bbsdata'
17  end
18
19
20  class Account < ActiveRecord::Base
21    self.table_name = 'account'
22  end
23
24
25  get '/' do
26    redirect '/login'
27  end
28
29
30  get '/login' do
31    erb :login
32  end
33
34
35  get '/logout' do
36    session.clear
37    erb :logout
38  end
39
40
41  post '/auth' do
42    user = params[:uname]
43    pass = params[:pass]
44    r = checkLogin(user, pass)
45    if r == 1
46      session[:username] = user
47      redirect '/contents'
48    end
49
50    redirect '/loginfailure'
51  end
52
53
54  get '/loginfailure' do
55    session.clear
56    erb :loginfailure
57  end
58
59
60  get '/badrequest' do
```

```
61    session.clear
62    erb :badrequest
63  end
64
65
66  get '/contents' do
67    @u = session[:username]
68    if @u == nil
69      redirect '/badrequest'
70    end
71
72    @t = ""
73
74    a = BBSdata.all
75    if a.count == 0
76      @t = "<tr><td>No entries in this BBS.</td></tr>"
77    else
78      a.each do |b|
79        @t = @t + "<tr>"
80        @t = @t + "<td>#{b.id}</td>"
81        @t = @t + "<td>#{b.userid}</td>"
82        @t = @t + "<td>#{Time.at(b.writedate)}</td>"
83        if b.userid == @u
84          @t = @t + "<td><form action=\"/delete\" method=\"post\">"
85          @t = @t + "<input type=\"text\" value=\"#{b.id}\" name=\"id\" hidden>"
86          @t = @t + "<input type=\"hidden\" name=\"_method\" value=\"delete\">"
87          @t = @t + "<input type=\"submit\" value=\"Delete\"></form></td>"
88        else
89          @t = @t + "<td></td>"
90        end
91        @t = @t + "</tr>"
92        @t = @t + "<tr><td colspan=\"4\">#{b.entry}</td></tr>\n"
93      end
94    end
95
96    erb :contents
97  end
98
99
100 post '/new' do
101   maxid = 0
102   a = BBSdata.all
103   a.each do |b|
104     if b.id > maxid
105       maxid = b.id
106     end
107   end
108
```

```
109    s = BBSdata.new
110    s.id = maxid + 1
111    s.userid = session[:username]
112    s.entry = params[:entry]
113    s.writedate = Time.now.to_i
114    s.save
115    redirect '/contents'
116  end
117
118
119  delete '/delete' do
120    s = BBSdata.find(params[:id])
121    s.destroy
122    redirect '/contents'
123  end
124
125
126  def checkLogin(trial_username, trial_password)
127    r = 0   # 0=ログイン失敗を表す
128
129    begin
130      a = Account.find(trial_username)
131      db_username = a.id
132      db_salt = a.salt
133      db_hashed = a.hashed
134      trial_hashed = Digest::SHA256.hexdigest(trial_password + db_salt)
135
136      if trial_hashed == db_hashed
137        r = 1  # ログイン成功
138      end
139    rescue => e
140      r = 2   # 未知のユーザー
141    end
142
143    return(r)
144  end
```

▶ ./views/contents.erb（完成版）

```
1  Hello, <%= @u %> (<a href="/logout">logout</a>)
2  <p>
3
4  <table>
5  <%= @t %>
6  </table>
7
8  <hr>
9
```

```
10   <form method="post" action="/new">
11   <input type="text" name="entry" size=50 maxlength=100><br>
12   <input type="submit" value="Go">
13   </form>
```

この2つ以外の *Gemfile*, *dbinit.sq3*, *database.yml*, *./views/layout.erb*, *./views/login.erb*, *./views/logout.erb*, *./views/loginfailure.erb*, *./views/badrequest.erb* は，ここまでに掲載したものと同じです．

### 8.3.7  SimpleBBS 全体を見直してみよう

ここまでで，シンプルな掲示板の Web アプリケーションができました．アプリケーションとしての完成度という面から振り返ってみましょう．

#### サニタイジング

まずはサニタイジングについてです．5.11 節で「外部からの入力を信用してはいけない」と書きましたが，*simplebbs.rb* の /auth では，入力されたユーザー名とパスワード文字列をそのまま処理しています．

```
42   user = params[:uname]
43   pass = params[:pass]
```

同様に，/new では入力された書き込み内容を次の命令でそのままデータベースに保存しています．

```
112   s.entry = params[:entry]
```

保存された内容が /contents ではそのまま表示に使われていますから，SimpleBBS はクロスサイトスクリプティングの脆弱性があるということを意味しています．実際に，書き込みフォームに

```
<h1>An example of XSS</h1>
```

と入力すると，見事に図 8.16 のようになります．不等号のように HTML のタグとして特殊な意味をもっている文字が，そのまま HTML のタグとして解釈されていることがわかります．

HTML でタグとしての意味をもつ不等号文字などを，「タグとしての意味はないが画面には不等号文字として表示される命令」に置き換える必要があります（「実体参照 (entity references)」とい

187

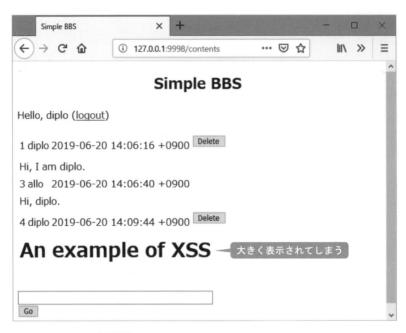

図 8.16　SimpleBBS における XSS の脆弱性

表 8.4　サニタイジングで対応すべき文字

| 置換前 | 置換後 |
|---|---|
| < | &lt; |
| > | &gt; |
| & | &amp; |
| " | &quot; |
| ' | &#39; |

います）．具体的には，表 8.4 のような置き換えをすることになります．

　Ruby で文字列の置換に使える gsub メソッドを使って処理してもよいですが，Ruby に標準添付の CGI ライブラリを使って次のようにするのが簡単です．escapeHTML メソッドは，与えられた文字列をサニタイジングして返します．

```
1  require 'cgi'
2
3  puts CGI.escapeHTML("<h1>An example of XSS</h1>")
```

　実際に返された文字列は次のようになります．

```
&lt;h1&gt;An example of XSS&lt;/h1&gt;
```

次のように HTML ファイルに仕立てて，Web ブラウザで開いてみましょう．HTML ファイル内ではタグとしての意味をもたせないようにしつつ，見た目は元どおりにできているのが確認できるはずです．

▶ *sanitizing.html*

```
1  <html>
2  <body>
3  &lt;h1&gt;An example of XSS&lt;/h1&gt;
4  </body>
5  </html>
```

### 特殊な使用場面

次に，特殊な使用場面での挙動についてです．/delete の中で，指示のあった書き込み番号のレコードをデータベースから検索して destroy していますが，検索に失敗するケースがありえます．たとえば，2 人のユーザー A と B がユーザー名を共有しており，ほぼ同じタイミングで SimpleBBS を表示させ，A が閲覧している最中に B が書き込みを削除した場合，A の画面にはあいかわらず削除ボタンは残っています．現在の SimpleBBS は，このような状況で 2 人目が削除ボタンをクリックすると，データの検索に失敗してプログラムが停止してしまいます．これは，6.4 節でログイン時に存在しないユーザー名が入力されたのと同じ状況です．

このときの対処法やこれ以外の特殊な使用場面については，次のトレーニングやチャレンジで取り組んでみてください．

> **トレーニング**　　　　　　　　　　　　　　　　**基本事項のチェック！**
>
> 1. 書き込み内容をサニタイジングしてから表示するようにしてください．
> 2. すべての書き込みを 1 ページに表示するのではなく，10 件ずつ表示するなどページ分けの処理を実装してみてください．
> 3. すでに存在しない書き込みに対して，削除ボタンがクリックされたときに適切に処理できるようにしてください．

> **チャレンジ**　　　　　　　　　　　　　　　　**さらにレベルアップ！**
>
> 1. 現状では最後の書き込みを削除した後に新規投稿を行うと同じ書き込み番号が再利用されてしまいますが，再利用をしないようにしてください．これを実現するためには，掲示板全体の情報を管理するためのテーブルをデータベース上に新たに作成して，書き込みが行われた際に最新の番号を保存するようにします．

## 8.4　ファイルのアップローダ

　ごく簡単なファイルアップローダを作ってみましょう．アプリケーション名は uploader としま
す．次のようにして準備をします．

```
$ mkdir ~/uploader      ← アプリケーションディレクトリを作る
$ cd ~/uploader         ← uploader ディレクトリに移動
$ bundle init           ← デフォルトの Gemfile を生成する
(Gemfile に sinatra と webrick を追加する)
$ bundle install        ← Gemfile の内容に従って gem をインストール
$ mkdir views           ← views ディレクトリを作る
$ mkdir -p ./public/files ← public ディレクトリを作りその中に files ディレク
                            トリを作る
```

　Sinatra では静的なファイルの置き場は *public* ディレクトリですが（4.6 節参照），今回はその中
に *files* というディレクトリを作って，アップロードされたファイルはその中に保存するとします．
コマンドの最後の **mkdir** に与えている -p オプションは，深い階層のディレクトリ作成を指示した
ときに親ディレクトリがなければ必要に応じて作るというものです．この例では，まず *public* ディ
レクトリを作り，その中に *files* ディレクトリを作るというところまで一気にやってくれます．

　次に，アップローダのアプリ *up.rb* を作っていきます．

▶ *up.rb*

```
1  require 'sinatra'
2
3  set :environment, :production
4
5
6  get '/' do
7    images_name = Dir.glob("public/files/*")
8    @images_path = []
9    images_name.each do |a|
10     @images_path << a.gsub("public/files/", "")
11   end
12   erb :index
13  end
14
15
16  post '/upload' do
17   s = params[:file]
18   if s != nil
```

```
19    save_path = "./public/files/#{params[:file][:filename]}"
20    File.open(save_path, 'wb') do |f|
21      g = params[:file][:tempfile]
22      f.write g.read
23    end
24  else
25    puts "Upload failed"  # アップロード失敗
26  end
27  redirect '/'
28 end
```

▶ ./views/index.erb

```
1  <% @images_path.each do |b| %>
2  <a href="/files/<%= b %>"><%= b %></a><br>
3  <% end %>
4  <p>
5  <form action="/upload" method="post" enctype="multipart/form-data">
6  <input type="file" name="file">
7  <input type="submit" name="submit">
8  </form>
```

実行すると，図 8.17 のようになります．いくつかファイルをアップロードしてみてください．

図 8.17　ファイルアップローダ

*up.rb* について解説します．

**6 〜 13 行目**　*up.rb* の前半部分は，実はファイル操作などは何もしておらず，7 行目で *./public/files/* のファイル一覧を配列として images_name に取得し（images_name を puts などで表示させてみてください），9 〜 11 行目のループで，その配列の内容を a に 1 つ取り出しては gsub メソッドで"public/files/"という余計な文字列を""という空文字列に置換して消して，@images_path という配列変数に追加しているだけです．つまり，最終的に @images_path にはアップロードされたファイルの一覧が入ります．あとはこれを *index.erb* に渡して終わりです．7 行目で使っている Dir クラスについては文献[17]を参照してください．

191

**17 行目**　後半の 16 ～ 28 行目がアップロード処理の本体です．17 行目で投稿フォームからのファイルの情報（*index.erb* の 6 行目）を s に受け取ります．

**18 行目**　投稿が空欄になっていないかどうかを判別します．もし空欄のまま投稿してしまうと，s が nil になるので，その場合はアップロードエラーとしています（25 行目）．

**19 行目**　params[:file][:filename] は，投稿フォームのファイル名のところで指定されたファイルのフルパス表記のうちファイル名部分のみが入ります．これを使って，ファイルをサーバー側で保存するパスを save_path として作っています．

**20 行目**　save_path の保存用ファイルを f として，書き込み + バイナリモード (wb) で開いています．

**21 行目**　params[:file][:tempfile] は，受信したファイルが一時的に保存されている作業用ファイルの情報が入っています[†]．正確にいうと，params[:file][:tempfile] はファイル名そのものではなく，Tempfile クラスのオブジェクトになっています．g に Tempfile クラスのオブジェクトが入っているので，その後で puts "g.path=#{g.path}" などのようにして Tempfile クラスの path プロパティを表示させてみれば，具体的なファイル名が表示されます．Tempfile クラスのほかのプロパティも調べて表示させてみてください．

**22 行目**　作業用ファイル g を read したものを保存用ファイル f に write して（すなわちコピーして）います．これで受信ファイルを特定の場所に保存するという作業は終わりです．

**27 行目**　最後に，/ ヘリダイレクトして，アップロードしたばかりのファイルも含めた一覧を表示し直しています．

　次に，*index.erb* について解説します．

**1 ～ 3 行目**　前半では，ファイル一覧を表示しています．少々入り組んでいて読みづらいのですが，*up.rb* で計算した @images_path の内容を 1 つ取り出して b に入れて処理をする，という do ループになっています．仮に b が proto.jpg という文字列だったとして，2 行目は

```
<a href="/files/proto.jpg">proto.jpg</a><br>
```

のように展開されます（実行時に Web ブラウザ上でページの HTML ソースを表示させて確認してください）．静的なファイルは *public* ディレクトリに置かれていますが，実際にファイルが置かれている *./public/files/proto.jpg* というパスは，URL でいえば */files/proto.jpg* となります．これを href のリンク先として設定しています．

**5 ～ 8 行目**　投稿フォームです．enctype は，送信の際のデータ形式（MIME タイプ）を指定する

---

[†]　このような作業用ファイルのことを「テンポラリファイル (temporary file)」といいます．temporary とは一時的という意味です．プログラミングの世界では temp とか tmp とか略すことがあります．*/tmp* は UNIX 系 OS でテンポラリファイルを書き出す標準的な場所です．

ものです．ファイルなどの送信時には`multipart/form-data`を指定しておきます．ここで POST された情報を，*up.rb* の 16 行目が受け取ります．

　*up.rb* の 19 行目では，受け取ったファイル名をそのままサーバー側での保存用ファイル名として流用していますが，これが問題になる場合があります．ファイルシステムによって，使える文字の制限・ファイル名の長さ制限が異なるためです．サーバー側では，サーバー自身がファイル名として使える文字（英数記号だけなど）で構成したファイル名を適当に生成してアップロードされたファイルを保存し，このファイル名と元のファイル名との対応を適当なデータベースに別途保存しておく，という実装が無難なところでしょう．

　アップロードされるファイルのチェックを厳密にやるにはどうすればよいでしょうか．拡張子は偽装されることがあるので，ファイル名だけをみて *\*.jpg* は OK で *\*.exe* はダメというだけでは不十分です．ファイルは自分自身の識別用に，冒頭の数バイトに固有のバイト列が埋め込まれていることがほとんどです．*\*.exe* であれば "MZ"，*\*.zip* であれば "PK"，*\*.jpg* であれば 0xffd8 といった具合です．これを「マジックナンバー (magic number)」といいます．拡張子ではなくマジックナンバーでファイルの種類を識別するようにすれば安全です．たとえば，UNIX 系 OS の file コマンドは，ファイルの種類の識別方法の 1 つとしてマジックナンバーを用いています．

---

**トレーニング**　　　　　　　　　　　　　　　　　　　　　　　　　　　**基本事項のチェック！**

**1.** 送信したファイルと受信したファイルが完全に同一なものであることを，SHA-256 ハッシュ値が同一になるかどうかで確認してください．すなわち，ホスト OS 側で送信するファイルの SHA-256 ハッシュ値を計算します．続いて，ゲスト OS 側で受信したファイルに対して同様に SHA-256 ハッシュ値を計算し，両者が一致することを確認します．ファイルの中身が 1 ビットでも違っていると，まったく異なったハッシュ値が算出されます．

**2.** 現状の *up.rb* はアップロードエラー（ファイル名を指定しないまま送信ボタンをクリックしたときなど）のときには Web ブラウザ上には何も表示されず，コンソール（WEBrick の出力）に "Upload failed" と表示されるだけです（25 行目）．Web ブラウザにもエラーを表示するようにしてください．

**3.** アップロードされたファイル名の一覧にファイルサイズや日付などの情報を表示してみてください．*up.rb* の 10 行目と 11 行目の間に，

```
        puts File.size(a)
        puts File.mtime(a)
```

と加えて実行すると，コンソールにファイル名 a のサイズと最終更新日時が表示されるので，これを使ってください．File クラスについては文献[19]を参照してください．

・・・チャレンジ・・・・・・・・・・・・・・・・・・・・・・・・・・・・・・・・・・・・・・・・・・・・・・・・・・・・・さらにレベルアップ！

**1.** アップロードされたファイルが画像ファイルであればサムネイル画像を付加してみてください．最初はマジックナンバーのチェックまでやらずとも，ファイル名の拡張子が *.jpg か *.png かだけをみればよいでしょう．HTML の IMG タグに width などのオプションがあるので使ってみてください．

**2.** ファイルのマジックナンバーをチェックして，拡張子を偽装したファイルのアップロードをエラーとして弾くようにしてください．mimemagic[20] という gem があり便利に使えます．

**3.** up.rb にユーザーごとの機能を追加してください．すなわち，ログイン機能をつけ，自分がアップロードしたファイルは自分だけしか削除できないなどの機能を追加してください．

## 8.5 同時書き込みへの対応

　ここでは，複数の Web ブラウザから同時にデータベースやファイルへのアクセスがあった場合に問題が生じないようにするための制御について説明します．

　お金の残額 1000 円がデータベース上にあるとして，プログラム A が 100 円を引き，プログラム B が 200 円を引く操作をするとします．図 8.18 にあるように，もしプログラム A が 1000 円という情報をデータベースから取得して，100 円を引いて残額を書き戻すという一連の操作が終わらないうちにプログラム B が処理を始めると，処理結果に矛盾が生じます．これを防ぐには，プログラム A がデータベースにアクセスしている最中にはプログラム B のアクセスを待たせておき，A が終わったら B の処理を始めるようにすればよいのです．図 8.19 では，A が 100 円を引いて残額が 900 円に更新された後で B の処理を始めていますから，矛盾は起きていません．このような制御のことを「排他制御 (exclusive control)」といいます．

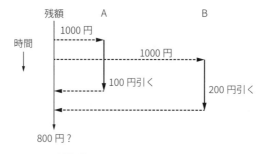

図 8.18　排他制御をしない場合

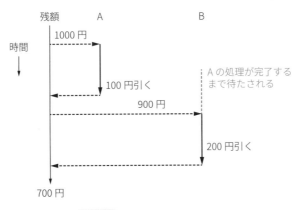

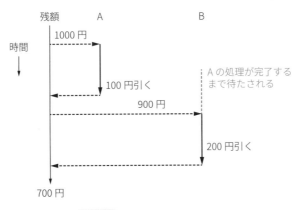

図 8.19　排他制御をする場合

　データベースやファイルの操作など，同じ状況は Web アプリケーションのさまざまな場所で顔を出します．これまでに作ってきた Web アプリケーションでは，とくに排他制御をしていませんでしたが，それはたまたまアクセスが競合しなかったために問題が表面化しなかっただけに過ぎません．実際に Web アプリケーションを運用する場合は，かなり神経を使うところです．Ruby ではロックファイルによる排他制御の手法が提供されています．次のようにすると，*lockfile* というファイルが作られ，ロックを解除するまではほかのプログラムがこの部分にさしかかっても待たされるようになります．

```
1  l = File.open("lockfile", "r+")
2  l.flock(File::LOCK_EX)   # ロックファイル作成
3
4  (ファイル操作などの処理)
5
6  l.close   # ロック解除
```

┄┄トレーニング┄┄┄┄┄┄┄┄┄┄┄┄┄┄┄┄┄┄┄┄┄┄┄┄┄┄┄┄┄┄┄┄　**基本事項のチェック！**

**1.** ファイルアップローダの /upload など，ファイルを操作している部分の前後に上記の命令を追加し，排他制御を行うようにしてください．

**2.** 排他制御で起こりうる「デッドロック (dead lock)」の問題について調べてみてください．

## 8.6　画像掲示板への改良

　画像をアップロードして表示することができるようになりましたので，SimpleBBS にこの機能を取り込んで，画像を貼り付けることのできる画像掲示板に仕立ててみましょう．ユーザー名の左には小さなアイコン画像も表示できるようにします．図 8.20 のような完成図を想像してください．

　SimpleBBS を改良して作っていきますが，元のファイルは念のためとっておきましょう．以下のように入力して *SimpleBBS* ディレクトリを *ImageBBS* という名前のディレクトリにまるごとコピーします．cp コマンドについている -r というオプションは，ディレクトリの中に入っているディレクトリ（*SimpleBBS* ディレクトリの中の *views* ディレクトリなど）も含めてコピーをするという意味です．

```
$ cd                          ← ホームディレクトリに戻る
$ cp -r SimpleBBS ImageBBS     ← SimpleBBS ディレクトリを ImageBBS ディレク
                                 トリとしてコピーする
$ cd ImageBBS                  ← ImageBBS ディレクトリに移動
$ mv simplebbs.rb imagebbs.rb  ← simplebbs.rb を Imagebbs.rb という名前に
                                 変更
```

　これ以降の作業は，*ImageBBS* ディレクトリ内のファイルに対して行っていきます．*imageBBS* ディレクトリ内にはコピーしてきた *./views/layout.erb* があるので，この中の "SimpleBBS" という文字列を "ImageBBS" に変更しておいてください．

　最初にデータベースファイルを作り直します．SimpleBBS のときと異なるのは，アップロードされた画像のファイル名を記憶するフィールドが bbsdata テーブルにあることと，ユーザーごとのアイコン画像にファイル名を記憶するフィールドが account テーブルにあることです．データベースのファイル名を *bbs.db* とし，ユーザー情報を管理する account テーブルと書き込み内容を保持する bbsdata テーブルの 2 つを用意します．テーブルの作りは表 8.5 と表 8.6 のとおりとします．bbsdata テーブルの imgfile というフィールドに投稿されたファイル名を保存することにします．もし画像が投稿されていない文字だけの投稿であれば，ここは " "（空文字）にしておくことにします．SimpleBBS と同様，最初に表 8.7 の 2 人のユーザーを手動で登録しておきます．

　これらの登録内容を取り込んだ初期化スクリプト *dbinit.sq3* は次のようになります．8.3.2 項で作ったものとデータベースのフィールドがちょっと異なるだけですので，そのまま流用すればよいでしょう．

図 8.20　画像掲示板アプリの完成図

表 8.5　account テーブル

| キー | 定義 | 内容 |
| --- | --- | --- |
| id | varchar(20), primary key | ユーザー名 |
| hashed | varchar(70) | ハッシュ化されたパスワード |
| salt | varchar(10) | ソルト |
| iconfile | varchar(260) | アイコン画像のファイル名 |

表 8.6　bbsdata テーブル

| キー | 定義 | 内容 |
| --- | --- | --- |
| id | integer, primary key | 書き込み番号 |
| userid | varchar(20) | ユーザー名 |
| entry | varchar(150) | 書き込んだ文章 |
| imgfile | varchar(260) | アップロードした画像のファイル名 |
| writedate | integer | 書き込んだ日時 |

表 8.7　ImageBBS の初期登録ユーザー

| ユーザー名 | パスワード | ソルト | アイコン画像 |
| --- | --- | --- | --- |
| diplo | abcd | PQ | penguin.jpg |
| allo | efgh | RS | bench.jpg |

▶ dbinit.sq3

```
1   create table bbsdata (
2     id integer primary key,
3     userid varchar(20),
4     entry varchar(150),
5     imgfile varchar(260), /* アップロードした画像ファイル名 */
6     writedate integer
7   );
8
9
10  create table account (
11    id varchar(20) primary key,
12    hashed varchar(70),
13    salt varchar(10),
14    iconfile varchar(260) /* アイコン画像ファイル名 */
15  );
16
17  insert into account values ('diplo', '7fba80a3642579984776939f13f769254fe1d
    b36e9ca41d7b598e2c1d93ec52a', 'PQ', 'penguin.jpg');
18  insert into account values ('allo', 'd12354b521bdc4bcd0de3959a378176112ef3e
    4d5343ba887c276d13d6d76e61', 'RS','bench.jpg');
```

*dbinit.sq3* を使ってデータベースファイルを初期化します．これでユーザー 2 人が登録されていて書き込みがない状態の掲示板のデータベースができました．

```
$ rm bbs.db                      ← simpleBBS からコピーしてきたファイルを削除
$ sqlite3 bbs.db < dbinit.sq3    ← 新しく bbs.db を作り直す
```

次に，書き込みフォームを修正します．ImageBBS では記事だけでなく画像も投稿できるようにするので，画像をアップロードするしくみを取り入れます．8.3.5 項で SimpleBBS に追加した *./views/contents.erb* の書き込みフォーム部分は，次のようになっていました．

```
1  <form method="post" action="/new">
2  <input type="text" name="entry" size=50 maxlength=100><br>
3  <input type="submit" value="Go">
4  </form>
```

これを次のように修正します．

```
1  <form method="post" action="/new" enctype="multipart/form-data">
2  <input type="text" name="entry" size=50 maxlength=100><br>
3  <input type="file" name="file">
4  <input type="submit" value="Go">
5  </form>
```

投稿するファイルを指定する行（3 行目）が増えています．フォーム全体の挙動としては，Go ボタンがクリックされたときに /new に POST メソッドでアクセスされるのは同じですが，8.4 節でファイルをアップロードしたときのように

```
    enctype="multipart/form-data"
```

という命令が追加されています．これはもちろん画像ファイルを投稿するためのものです．

さて，ここまでで動かしてみましょう．図 8.21 のようになったでしょうか．現時点ではまだ投稿フォームがあるだけでそれを受信するプログラムを修正していないので，次にこの部分を作っていきましょう．

図 8.21　ここまでの実行結果

## 8.7　ファイルの受信

　まず，ファイルの格納場所として ./public/ ディレクトリを作成します．投稿されたファイルは
すべてここに置くことにします．ファイルをアップロードしてそれを受け取る部分は 8.4 節とほと
んど同じです．投稿があったら，データベースの新規レコードを作ってデータベースに save する
のは同じですが，画像ファイルのファイル名もデータベースに記録しておくため，投稿内容を
save する前にファイルの受信を完了しておかなければなりません．8.3.5 項で SimpleBBS に追加
した /new の中でデータベースを更新している以下の部分

```
       :
14    s.writedate = Time.now.to_i
15    s.save
       :
```

を，次のように修正します．

```
1   s.writedate = Time.now.to_i
2
3   p = params[:file]
4   if p != nil
5     save_path = "./public/#{p[:filename]}"
6     File.open(save_path, 'wb') do |f|
7       g = p[:tempfile]
8       f.write g.read
9     end
10    s.imgfile = "/#{p[:filename]}"
11  else
12    s.imgfile = ""
13  end
14
15  s.save
```

　実行して画像ファイルを投稿すると，*./public/* ディレクトリの下に投稿されたファイルが保存されているはずです．まだ受信をして保存をしただけで画面表示には反映していません．以下を入力してファイルが正常に受信されていることが確認できたら，次に画面表示部分を修正します．

```
$ ls ./public/          ← public ディレクトリ内のファイルを表示
img1234.jpg img5678.jpg ← アップロードしたファイルがあれば OK
```

## 8.8　表示への反映

　/contents でデータベース内のデータを HTML データに成形して，Web ブラウザに返しています．SimpleBBS のプログラム中で投稿の本文を出力しているのは，8.3.6 項で追加した以下の部分です．

```
15    @t = @t + "<tr><td colspan=\"4\">#{b.entry}</td></tr>\n"
```

　ここに画像ファイルを表示するためのタグも追加します．投稿の 1 件は図 8.22 のように HTML

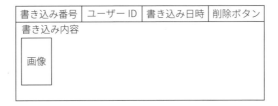

図 8.22　書き込み 1 件分の表の構造（画像追加）

の表として生成します.

　ただし,画像ファイルがアップロードされていない投稿もあり,その場合は /new の中で imgfile に空文字を入れておくことにしてありますから,ここが空でなければ画像を表示し,空であれば従来どおりの表示になるように場合分けをします.*simplebbs.rb* 完成版(183 ページ)の 93 行目を削除して,次の 5 行を挿入してください.

```
1  if b.imgfile != ""
2    @t = @t + "<tr><td colspan=\"4\">#{b.entry}<br><img src=\"#{b.imgfile
     }\" width=50%></td></tr>\n"
3  else
4    @t = @t + "<tr><td colspan=\"4\">#{b.entry}</td></tr>\n"
5  end
```

　データベース上の投稿 1 件分のレコードで imgfile というフィールドが空でなければ,それは画像ファイルのファイル名ということですから,上記プログラムの 2 行目では記事の文章 (b.entry) の後で改行 (<br>) を入れて続いて画像ファイルを挿入しています.*./public/* ディレクトリの中に置かれたファイル *a.jpg* は,URL では http://127.0.0.1:9998/a.jpg としてアクセスできるので,img タグの src にはファイル名をそのまま埋め込めばよいということになります.imgfile というフィールドが空であれば画像がないという意味ですから,上記プログラムの 4 行目のように記事の文章のみを入れています.

　ここまでで,投稿した画像が図 8.20 のように表示されるようになったでしょうか? ユーザー名の左のアイコン画像はまだこの段階では入れていないので,表示されなくても正常です.

　なお,現代の一般的なスマートフォンやデジタルカメラで撮影した画像をアップロードすると非常に表示が大きくなるので,ここでは width=50% という命令をつけて画像の縦横を実際の大きさの半分に縮小しています.

## 8.9　書き込みの削除

　書き込みの削除については SimpleBBS と同様に,データベース上のレコードを destroy すれば ImageBBS には表示されなくなりますが,今回の設計では画像ファイルは *public* ディレクトリに残っています.ということは,書き込みは消えたものの,画像自体は

```
http://127.0.0.1:9998/IMG1234.jpg
```

のように URL を直接打ち込めば表示ができてしまうということになります.これではまずいので,

データベース上のレコードを destroy する前に imgfile の内容を調べて，必要ならファイルを削除
しておく必要があります．8.3.6 項の /delete を次のように修正します．

```
delete '/delete' do
  s = BBSdata.find(params[:id])

  f = s.imgfile  # 書き込みの画像ファイルを削除
  if f != ""
    File.delete("./public/#{f}")
  end

  s.destroy
  redirect '/contents'
end
```

## 8.10  アイコン画像の設定

　最後に，ユーザー 1 人 1 人に固有のアイコン画像を設定し，投稿の冒頭にユーザー名とあわせ
てそのアイコン画像を表示するようにしてみましょう．表 8.5 にすでにアイコン画像のファイル名
を入れるフィールドを追加してありますから，これを使います．

　画面上の配置は図 8.22 のユーザー ID の左にアイコン画像を追加して，図 8.23 のようにしてみ
ます．

| 書き込み番号 | アイコン画像 | ユーザー ID | 書き込み日時 | 削除ボタン |
|---|---|---|---|---|
| 書き込み内容 | | | | |
| 画像 | | | | |

図 8.23　書き込み 1 件分の表の構造（アイコン画像追加）

*imagebbs.rb* の /contents の中に次のような部分があります．これが図 8.22 の書き込み ID と
ユーザー ID を表示している部分です．

```
@t = @t + "<td>#{b.id}</td>"
@t = @t + "<td>#{b.userid}</td>"
```

　この 2 行の間に命令を追加して，以下のようにします．

```
1    @t = @t + "<td>#{b.id}</td>"
2  c = Account.find(b.userid)
3    @t = @t + "<td><img src=\"#{c.iconfile}\" width=64 height=64></td>"
4    @t = @t + "<td>#{b.userid}</td>"
```

　図 8.23 の設計にあわせて，この間にアイコン画像を入れます．bbsdata テーブルにある，その書き込みを行ったユーザーの ID を account テーブルから検索し，c に入れます．c の iconfile というフィールドにアイコン画像のファイル名が格納されていますから，これを img タグで表示させます．アイコン画像が巨大ではいけないので，64 × 64 ピクセルに縮小する指定をしておきます．アイコン画像は ./public ディレクトリに入れておけば簡単にアクセスできます．8.6 節の表 8.7 と dbinit.sq3 では，ユーザー diplo のアイコン画像を penguin.jpg，ユーザー allo のアイコン画像を bench.jpg として指定していました．適当な画像 2 枚をこのファイル名で用意し，public ディレクトリに入れておきます．

　これで実行すると，図 8.20 のようになります．ここまでで簡単な画像掲示板ができました．基本的な機能しか実装していないので，実用上はいろいろと不便があります．自分で使ってみて気づいたところをどんどん改良してみてください．

さらにレベルアップ！

···· チャレンジ ····

1. ユーザーがアップロードするときに使っていたファイル名をそのまま保存する際のファイル名として使っていますが，そうすると同じファイル名でアップロードされたときにファイルが上書きされてしまいます．これを避けるようにプログラムを修正してください（たとえば，ファイルを受信して保存するときに受け取ったファイル名そのものではなくファイルの中身から計算された SHA-256 ハッシュ値を保存用のファイル名にするなど）．

2. 大きな画像も小さな画像もちょうどよいサイズで表示されるような機能をつけてください．たとえば，常に横幅を 400 ピクセル程度に固定しておいて，クリックされたら実際の画像を表示するようなリンクにしてしまうのもよいでしょう（ただしこの方針ですと，400 ピクセルより小さな画像は拡大されて表示が崩れてしまいます）．

# 付　録

## A.1　文字コード

ここでは，Web アプリを作成するために避けて通れない文字コードについて簡単に説明します．

### A.1.1　文字コードの豆知識

　コンピュータは数値しか扱えないので，文字には 1 つ 1 つ固有の番号を割り振っておいて，テキストファイルは数値の羅列として扱います．ある番号付けのルールのもとで文字の集合を定めたものを「文字コード」とよびます．日本語の文字コードとしてはおもに JIS, EUC, Shift JIS の 3 つが使われています．それぞれの細かい違いについては文献［23］,［24］に詳しく書かれているので，ここでは簡単に説明しましょう．JIS は ISO-2022-JP ともよばれ，インターネット上でメールや HTML データをやりとりする際の基本となる符号化方法です．EUC は Extended Unix Code の略で，UNIX 系 OS の標準的な文字符号化方式として広く使われてきています．Shift JIS は SJIS ともよばれ，MS-DOS や Windows で標準的に使われている文字コードです．主要な処理系とそれらの標準的な文字コードセットについて表 A.1 に示します．

表 A.1　代表的な OS の文字コードと改行コード

| OS | 文字コード | 改行コード |
|---|---|---|
| MS-DOS | SJIS | CR+LF |
| Windows | SJIS | CR+LF |
| macOS | SJIS（旧）/ UTF-8（新） | CR |
| Linux | EUC（旧）/ UTF-8（新） | LF |

　たとえば，「森」という文字は JIS では 0x3F39，SJIS では 0x9058，Unicode で U+68EE という番号が割り振られています†．あるソフトが JIS で文字を扱っており，森という文字のつもりで 0x3F39 という番号をファイルに保存したものを別のソフトが SJIS のつもりで開くと，SJIS で 0x3F39 に該当する文字が表示されることになります．これが文字化けです．これに対処するには，問題となるファイルを適切な文字コードに変換する必要があります．改行コードに関してもいくつか種類があります．CR (Carriage Return;

---

†　10 進数は 1234 のようにそのまま，16 進数は 0x5a6c のように 0x をつけて表します．Unicode のコードポイント（文字の割り当てられた場所）を 16 進数で表すときは U+90C1 のように U+ をつけて表します．

0x0d) と LF (Line Feed; 0x0a) が改行コードとして使われていますが，どちらを使うかは処理系に依存しています．現在では一貫して，Unicode の符号化方式の 1 つである UTF-8 を使い，改行コードには LF を使うように統一しておけば問題が少ないでしょう．

　文字コードについては，歴史的な理由から混沌とした状態です．すっきり 1 つの符号化方式にしてしまえばよいものですが，ここまで多様な文字コードで書かれたファイルの蓄積ができてしまった以上，それらの文字コードの間で仲良くしていくしかありません．今後はだんだんと Unicode に収斂していくでしょう．Unicode の仕様策定にまつわる血みどろの戦いについては，文献［22］が大変おもしろいので一読を勧めます．

### A.1.2　テキストエディタを使って文字コードを変換する

　秀丸エディタ[25]や Emacs など，多くの文字コードに対応したテキストエディタを使うと，文字コードを変換することができます．秀丸エディタならば，ファイルを読み込んでからメニューの［ファイル］→［エンコードの種類］で行えます．Emacs であれば，やはりファイルを読み込んでから Esc → x set-buffer-file-coding-systemと入力します．"Coding system for visited file:" と聞いてくるので，適当な文字コード + 改行コードのセットを指定してください．具体的には，Windows 流に文字コードが SJIS で改行コードが CRLF であるようにするには shift jis-dos を，UNIX 流に文字コードが EUCで改行コードが LF であるようにするには euc-jp-unix を指定してください．文字コード名の後の dosや unix，mac というのが，それぞれの改行コードに対応しています．本書で扱う UTF-8+LF という形にするならば，utf-8-unix を指定することになります．

　Emacs でファイルを開いたときに文字コードを誤判定されてしまったら，そのまま Esc → x revert-buffer-with-coding-systemと入力します．"Coding system for visited file:" と聞いてくるので，Tab キーによる補完を使いながら適当な文字コード + 改行コードのセットを指定してください．

### A.1.3　nkf を使って文字コードを変換する

　さまざまな文字コードで記述されたテキストファイルを相互に変換するには，nkf (Network Kanji Filter[27])が便利です．

```
$ sudo apt install nkf   ← nkf をインストール
```

　nkf は統計情報から入力ファイルの文字コードを自動判別する機能をもっているので，大抵の場合は出力の文字コードのみを指定すればよく，以下の例のようにリダイレクションと併せて使います．

```
$ nkf -s -Lw file1.txt > file2.txt
```

表 A.2　nkf コマンドのオプション（一部）

| オプション | 内容 |
|---|---|
| -s | 出力を SJIS 形式にする. |
| -e | 出力を EUC 形式にする. |
| -j | 出力を JIS 形式にする. |
| -w8 | 出力を UTF-8 形式にする. |
| -Lu | 出力の改行コードを LF にする. |
| -Lw | 出力の改行コードを CRLF にする. |
| -Lm | 出力の改行コードを CR にする. |
| --unix | UNIX 形式で出力する（-e や -Lu と同じ） |
| --windows | Windows 形式で出力する（-s や -Lw と同じ） |
| --mac | 古い MacOS 形式で出力する（-s や -Lm と同じ） |

　この例では，何か適当な文字コードで書かれている *file1.txt* を，文字コードが SJIS で改行コードが CR+LF という，Windows 形式の *file2.txt* に変換しています[†]．nkf の主要なオプションについて表 A.2 に示します．

# A.2　HTML

　ここでは HTML の書き方について少し説明します．

## A.2.1　概略

　HTML は HyperText Markup Language の略で，いわゆる Web ページを記述するための言語です．Ruby のソースコードのように文字の装飾などの情報をもたないテキストのことを「プレーンテキスト (plain text)」とよび，ワープロ文書のようにセンタリングやフォント，色などの装飾情報をもつテキストのことを「リッチテキスト (rich text)」とよびます．また，「ハイパーリンク (hyper link)」とよばれるしかけを通して文書どうしが相互に結びつけられているテキストのことを「ハイパーテキスト」とよびます．hyper とは英語で「すごい」「超」といった意味です．

　HTML はその名のとおりマークアップ言語です．マークアップ言語というのは，とくに何もないところは普通に文字を並べていき，色を変えたいとか大きさを変えたいといった変化があるところに目印の記号をつけておくタイプの言語です．HTML で書かれたデータを読み取ったプログラム（いわゆる Web ブラウザ）が，色や大きさを切り替えて画面に配置して最終的な見た目ができあがるのです．HTML では，<hoge> から </hoge> までが 1 つの意味の固まりです．このように，意味づけの目印として使われる <hoge> のこと

---

[†]　興味があれば，hexdump コマンドを使って適当なテキストファイルの 16 進ダンプを表示してみてください．改行コードなどが適切に変換されている様子が確認できるでしょうか？

を HTML の「タグ (tag)」とよびます．HTML では意味の固まりを入れ子構造にすることができます．

HTML では文書全体が <html> ～ </html> のブロックで囲まれます．このブロックの中は大まかに，head 要素と body 要素に分かれています．文書全体の情報は <head> ～ </head> に書きます．ここには，この文書がどのような文字コードで記述されているかや，ページのタイトル（Web ブラウザのタブやタイトルバーに表示されるもの）が何か，などが記述されています．Web ページの文書本体は <body> ～ </body> に書きます．全体では次のような構成になります．

```
1  <html>
2  <head>
3  ここが文書全体の情報を格納する部分   <!-- ページタイトルなどを入れる -->
4  </head>
5  <body>
6  ここが文書本体   <!-- ユーザーの目に入るものを記述する -->
7  </body>
8  </html>
```

<!-- と --> で囲まれた部分はコメント文として扱われます．後から見直したときの参考になるようなメモを残しておくとよいでしょう．<!-- と --> の間は複数行にわたっても構いません．作成した複数行にわたる HTML コードを削除せずに，一時的に無効にしたい場合などに使えますが，利用者が HTML ソースをみることができる点には注意が必要です．

HTML で見出しを制御するのは 6 段階の <h1> ～ <h6> のタグです．body 要素の中にこれらのタグを適当に並べて Web ブラウザで表示させてみると違いがわかります．実際に，次の内容を（ホスト OS 上の）適当なファイルに保存して Web ブラウザで開いてみましょう．

```
1   <html>
2   <head>
3   <title>List of Famous Dinosaurs</title>
4   </head>
5   <body>
6   <h1>Tyrannosaurus</h1>
7   <h2>Futabasaurus</h2>
8   <h3>Pteranodon</h3>
9   <h4>Ormithomimus</h4>
10  <h5>Archelon</h5>
11  <h6>Ammonite</h6>
12  </body>
13  </html>
```

実際に筆者の手元の 2 つの Web ブラウザで表示させてみた結果は，図 A.1 と図 A.2 です．

両者をみると，見た目が微妙に異なります．HTML 文書に書かれているマークアップは文書の論理構造を規定しているのであり，見た目については一切触れていないのです．<h1> ～ </h1> で囲まれたテキストは，「重要度がもっとも高い見出し」という意味でしかなく，実際にどのようなフォントを使って何ポイン

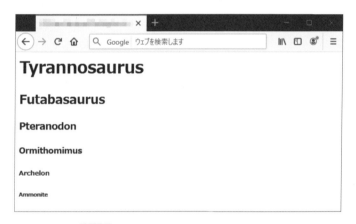

図 A.1　Safari 14 でのレンダリング結果

図 A.2　Firefox 85 でのレンダリング結果

トの大きさで表示するかは Web ブラウザが決めます．ここを認識することが HTML を理解する鍵です．文書の論理的な構造と，見た目が完全に分離しているため，後になって見た目を一斉に変更するなどの作業がとてもやりやすくなっています．ワープロソフトを普通に使っているユーザーが比較的長い文書を作成しているとしましょう．あとから「章の見出しは Times New Roman の 15 ポイントに統一」といわれたら，全部手作業で直すことになるでしょう．一般的なワープロソフトは見た目の編集が中心であり，どこからどこまでが章の見出しなのかという意味的な作りがわからないため，機械的に一斉変更することができないのです．

　そうはいっても，Web ページだってデザインにこだわりたいものです．そこで，HTML による文書の論理構造の記述とは別に，「\<h1\> ～ \</h1\> はこのフォントのこの大きさ」などといったことを規定するしかけが考案されました．それが「CSS (Cascading Style Sheet)」です．CSS については本書では省略します．

### A.2.2 HTML の table タグの使い方

HTML 上で表を入れるためにはまず，表の全体を

```
<table>.....</table>
```

で囲みます．

```
<tr>.....</tr>
```

で囲んだ中が，表の 1 行となります．この 1 行の中の 1 つ 1 つのセルは

```
<td>.....</td>
```

です．ただし，<td>...</td> の代わりに

```
<th>.....</th>
```

を使うと，そのセルは見出し (table header) のセルとして扱われます．見出しセルを画面上でどのような見た目にするかは，Web ブラウザが勝手に決めます．

したがって，表 A.3 のような表は（とくに見出しセルについて考えなければ）HTML では

```
1 │ <table>
2 │ <tr><td>A</td><td>B</td><td>C</td></tr>
3 │ <tr><td>D</td><td>E</td><td>F</td></tr>
4 │ </table>
```

となります．

表 A.3　表のサンプル

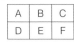

セルの間に境界線を引きたい場合は <table> タグに border オプションをつけ，次のようにします．1 というのが境界線の太さで，0 が境界線なしという意味になります．

```
1 │ <table border="1">
2 │ <tr><td>A</td><td>B</td><td>C</td></tr>
3 │ <tr><td>D</td><td>E</td><td>F</td></tr>
4 │ </table>
```

### A.2.3　その他のタグ

そのほかのよく使うタグを列挙します．ただし，現在では，見た目を HTML タグで制御することは避け，CSS を使うのが望ましいとされています．

- `<p>` ～ `</p>` で囲んだ（長めの）文章は，段落（paragraph）として扱われます．すなわち，前の文章から改行して 1 文字下げて文章が始まるようになります．
- `<br>` もしくは `<br />` は，どちらか 1 つだけを使い，改行を表します．`<abcd>` ～ `</abcd>` というような「タグは開いたら閉じる」というルールではなく，単なる改行の目印として使われます．本来は，「このタグは単発で使い，閉じるタグはありません」という意味で `<br />` を使うのが正解ですが，`<br>` だけでも通ります．
- `<a href="URL">` 〇〇のページ `</a>` の形で，ハイパーリンクを表します．多くの Web ブラウザ上では hoge という文字が青色で下線をつけて表示され，クリックすると指定された URL にジャンプします．
- `<img src="hoge.jpg" />` の形で，画像ファイルを読み込みます．`<br />` と同様，これも閉じるタグを明示しないタイプのタグです．
- `<hr>` でページ幅いっぱいの横線を入れます．`<br />` と同様，これも閉じるタグを明示しないタイプのタグです．
- `<center>` ～ `</center>` で囲んだ文章は，行の中でセンタリングされます．
- `<!-- ～ -->` で囲んだ範囲は，コメントとして扱われます．非常によく使いますが，最終リリース用の HTML コードにコメントアウトされた実験用のコードを残さないように注意してください．

## A.3　ssh によるログイン

サーバは，実機が目の前に置かれているということは少なく，遠隔地にあることがほとんどです．さらに，サーバの 1 つ 1 つにディスプレイやキーボードが接続されていることすらまれです．そのため，適当な PC から ssh でサーバにリモートログインをして作業をすることになります．本書でも多くの作業を Ubuntu 上で行いますが，VirtualBox の上で作業をすると日本語が文字化けしたりスクロールバーが使えないなど不便な場合が多くあります．VirtualBox で Ubuntu を動かすものの，そこで直接作業をすることはやめ，別の便利なプログラムから Ubuntu にログインして作業はそちらですることにしたほうが便利です．Windows では Tera Term[27]，macOS では OS 標準装備のターミナルと ssh で接続する方法を紹介します．

**ssh**

> ssh は Secure Shell の略で，遠く離れたコンピュータにログイン（リモートログイン）して作業をするためのプログラムです．古くはリモートログインには telnet が使われていましたが，通信内容が暗号化されていないため現在では使われていません．ssh はすべての通信が暗号化されており安全 (secure) です．

## A.3.1　Windows での Tera Term によるリモートログイン

**Tera Term のインストール**

Windows には標準では ssh がインストールされていませんので，ssh と同等の機能をもった Tera Term をインストールします．Web ブラウザで `https://ja.osdn.net/projects/ttssh2/releases/` を開き，「ダウンロードパッケージ一覧」から *teraterm-4.105.exe* のような名前のファイルをダウンロードします．4.105 というのはバージョン番号なので，とくに理由がなければ最新版を選ぶようにします．ダウンロード完了後にこのファイルを開いて指示に従うとインストールが完了します．

**Tera Term によるリモートログイン**

Tera Term を起動すると，図 A.3 のような画面になります．"ホスト" には 127.0.0.1，"TCP ポート" には 9997 を指定します．通常は 22 番が使われるので省略可能ですが，今回の環境ではホスト OS の 9997 番ポートに来たものをゲスト OS の 22 番ポートに転送して使うので，このようなオプションをつけます．通常は 22 番が使われるので省略可能ですが，今回の環境ではホスト OS の 9997 番ポートに来たものをゲスト OS の 22 番ポートに転送して使うので，このようなオプションをつけます．

ゲスト OS に接続すると，ユーザー名とパスワードを尋ねてきます（図 A.4）．"ユーザ名" にユーザー名，"パスフレーズ" にパスワードを入力します．はじめてゲスト OS に接続する際には，図 A.5 の画面が表示されることがあります．これは，接続しようとしている先が本物かどうかを確認するものです．ここでは［続行］をクリックしてください．

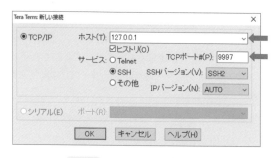

図 A.3　Tera Term の起動画面

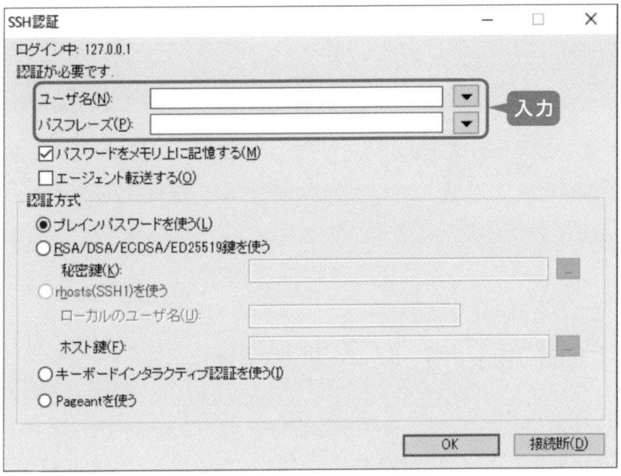


図 A.4　Tera Term の認証画面

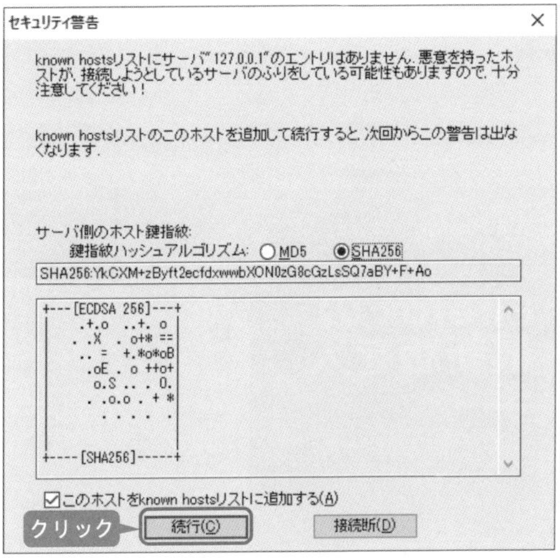


図 A.5　Tera Term のセキュリティ警告

### A.3.2 ssh によるリモートログイン

macOS には標準で ssh がインストールされています．ターミナルを開いて次のように入力します．

```
$ ssh -p 9997 username@127.0.0.1
```

username の部分は本書では apato などのようにしています．-p 9997 はポート番号の指定です．通常は 22 番が使われるので省略可能ですが，今回の環境ではホスト OS の 9997 番ポートに来たものをゲスト OS の 22 番ポートに転送して使うので，このようなオプションをつけます．

## A.4　Mozilla Firefox のインストール

本書では，Web ブラウザは Mozilla Firefox を使用しています．Google Chrome や Apple Safari でもほぼ問題ありませんが，Cookie の編集など一部で拡張機能を別途インストールする必要が生じることがあります．

Microsoft Edge など，OS に最初からインストールされている Web ブラウザで https://www.mozilla.org/ja/firefox/new/ を開くと，図 A.6 のような画面になります．画面左の［今すぐダウンロード］をクリックすると，インストーラがダウンロードされます．Windows では，ダウンロードフォルダに保存された *Firefox Installer.exe* をダブルクリックして実行すると，インストールされます．macOS では，ダウンロードフォルダに保存された *Firefox-xx.x.dmg* をダブルクリックすると Firefox のアイコンが表示されるので，そのアイコンを Finder でアプリケーションフォルダに移動すればインストールされます．

図 A.6　Mozilla Firefox のダウンロードページ

# 参考文献

[1] The world's leading software development platform – GitHub: `https://github.com/`

[2] Ruby 3.0.0 リファレンスマニュアル（変数と定数）: https://docs.ruby-lang.org/ja/latest/doc/spec=2fvariables.html

[3] Java 言語仕様第 3 版 : James Gosling・Bill Joy・Guy Steele・Gilad Bracha（著）, 村上雅章（訳）, ピアソン・エデュケーション , 2006.

[4] Code Conventions for the Java Programming Language: `http://www.oracle.com/technetwork/java/codeconv-138413.html`

[5] Gemfile について調べてみた : `http://xxxcaqui.hatenablog.com/entry/2013/02/11/013421`

[6] Sinatra: `http://www.sinatrarb.com/intro-ja.html`

[7] sinatra/CHANGES at 1.4.2: `https://github.com/sinatra/sinatra/blob/1.4.2/CHANGES`

[8] maxlength 属性の仕様の違いには要注意！: `http://www.symmetric.co.jp/blog/archives/109`

[9] SHA-1 署名の証明書は 2015 年末で発行停止、シマンテックが SHA-2 移行を促進 : `http://itpro.nikkeibp.co.jp/article/NEWS/20140205/534745/`

[10] A Future-Adaptable Password Scheme: Niels Provos and David Mazi`eres, USENIX Annual Technical Conference, FREENIX Track, pp. 81-91, `https://www.usenix.org/legacy/events/usenix99/provos/provos.pdf`,1999.

[11] Datatypes In SQLite Version 3: `https://www.sqlite.org/datatype3.html`

[12] 最新ブラウザのクッキーの制限（数 , サイズ）を調べてみた : `http://d.hatena.ne.jp/hosikiti/20120720/1342750879`

[13] Browser Cookie Limits: `http://browsercookielimits.x64.me/`

[14] Linux の passwd で使っている辞書と cracklib: `http://d.hatena.ne.jp/ozuma/20131005/1380942386`

[15] 体系的に学ぶ安全な Web アプリケーションの作り方〜脆弱性が生まれる原理と対策の実践第 2 版 : 徳丸浩 , ソフトバンククリエイティブ , 2018.

[16] RFC3092 - Etymology of "Foo": `http://www.puni.net/~mimori/rfc/rfc3092.txt`

[17] Ruby 3.0.0 リファレンスマニュアル（Dir クラス）: `http://docs.ruby-lang.org/ja/3.0.0/class/Dir.html`

[18] Rack: a Ruby Webserver Interface: `https://rack.github.io/`

[19] Ruby 3.0.0 リファレンスマニュアル（File クラス）: `https://docs.ruby-lang.org/ja/3.0.0/class/File.html`

[20] Documentation for mimemagic (0.3.3): `https://www.rubydoc.info/gems/mimemagic/`

[21] RFC2616 - Hypertext Transfer Protocol – HTTP/1.1: `https://tools.ietf.org/html/rfc2616`

[22] ユニコード戦記―文字符号の国際標準化バトル : 小林龍生 , 東京電機大学出版局 , 2011.

[23] JIS, EUC, SJIS の漢字コードについて : `http://www.unixuser.org/~euske/doc/kanjicode/index.html`

[24] CJKV 日中韓越情報処理 : Ken Lunde（著）, 小松章・逆井克己（訳）, オライリー・ジャパン , 2002.

[25] 秀まるおのホームページ - 秀丸エディタ : `http://hide.maruo.co.jp/software/hidemaru.html`

[26] nkf Network Kanji Filter: `http://sourceforge.jp/projects/nkf/`

[27] Tera Term（テラターム）プロジェクト日本語トップページ : `http://sourceforge.jp/projects/ttssh2/`

# 索 引

著 者 略 歴

伊藤 祥一 （いとう・しょういち）

1997 年　新潟大学理学部物理学科卒業
2000 年　金沢大学大学院自然科学研究科博士前期課程数物科学専攻修了
2003 年　金沢大学大学院自然科学研究科博士後期課程物質構造科学専攻修了
　　　　　博士（理学）
2003 年　長野工業高等専門学校電子情報工学科助手
2007 年　長野工業高等専門学校電子情報工学科助教
2008 年　長野工業高等専門学校電子情報工学科准教授
　　　　　現在に至る

編集担当　太田陽喬(森北出版)
編集責任　富井　晃(森北出版)
組　版　　ビーエイト
印　刷　　日本製作センター
製　本　　　同

Ruby と Sinatra ではじめる
Web アプリケーション開発の教科書　　　　　　　　ⓒ 伊藤祥一　2021

2021 年 7 月 30 日　　第 1 版第 1 刷発行　　　【本書の無断転載を禁ず】

著　　者　伊藤祥一
発 行 者　森北博巳
発 行 所　森北出版株式会社
　　　　　東京都千代田区富士見 1-4-11（〒 102-0071）
　　　　　電話 03-3265-8341／FAX 03-3264-8709
　　　　　https://www.morikita.co.jp/
　　　　　日本書籍出版協会・自然科学書協会　会員
　　　　　JCOPY ＜(一社)出版者著作権管理機構 委託出版物＞

落丁・乱丁本はお取替えいたします.

Printed in Japan／ISBN978-4-627-85561-8